AF586560

FLORE
DU BOURBONNAIS

COMPRENANT

Le département de l'Allier et une partie des départements du Cher, de la Creuse, du Puy-de-Dôme et de la Nièvre

PAR

ALEXANDRE PÉRARD

Licencié ès-Sciences naturelles

Professeur de Sciences physiques et naturelles au Lycée de Montluçon

Membre des Sociétés Botanique et Géologique de France, de la Société française de Botanique et de la Société d'Émulation de l'Allier.

MATÉRIAUX

1re PARTIE

DEPUIS LES RENONCULACÉES JUSQU'AUX VERBASCÉES.

MONTLUÇON

CH. MOULIN, LIBRAIRE-ÉDITEUR, BOULEVARD DE COURTAIS, 48.

1884

MATÉRIAUX

POUR LA

FLORE DU BOURBONNAIS

PAR

ALEXANDRE PÉRARD

Dans le Supplément de mon Catalogue raisonné (1878), j'avais signalé un certain nombre de plantes adventices et voyageuses qui s'étaient propagées dans l'arrondissement de Montluçon depuis la publication de mon Catalogue. C'est ainsi que l'*Epilobium spicatum* Lamk avait apparu sur les talus du chemin de fer de Commentry où il est encore très localisé. Le *Glaucium luteum* est maintenant naturalisé sur les collines des laitiers de l'usine Saint-Jacques et descend sur les bords du Cher dans le voisinage de la Glacerie. Il a été introduit certainement avec d'autres espèces que je vais signaler plus loin. L'usine Saint-Jacques a reçu en effet des minerais de fer de l'Ile d'Elbe, d'Algérie, d'Espagne et du midi de la France. Les graines de certaines plantes méridionales, apportées avec les minerais, ont donné naissance à une série de végétaux, dont les uns n'ont eu qu'une vie éphémère, exemple le *Scorpiurus subvillosa* (*Suppl.* p. 4), tandis que d'autres appartenant surtout à la famille des Chénopodées ont persisté, et ont envahi actuellement les terrains vagues des usines ainsi que les bords du Cher. Tels sont les *Chenopodium Botrys*, *opulifolium* et *l'Atriplex rosea*, complétement naturalisés, et dont on peut récolter aujourd'hui des milliers d'exemplaires. Le *Carex punctata* se trouve aussi dans les mêmes conditions.

Parmi les végétaux adventices, je mentionnerai le *Centaurea solstitialis* disséminé dans le département avec les graines des prairies artificielles et dont l'existence, dans les diverses localités citées, n'est que passagère. Le *Melilotus alba*, très commun sur les bords de l'Allier, dont il suit le cours, commence à se montrer dans les stations voisines ; on le rencontre jusque dans les gares de chemin de fer. C'est ainsi qu'il nous est arrivé de Gannat avec les vagons de transport, et je constatais l'an dernier un pied de cette espèce, sur la voie, au Roc-du-Saint près Montluçon. Cette année j'étais très étonné de l'observer près de l'usine de Morat (forêt de Tronçais), dans une station que j'avais précédemment explorée avec beaucoup de soin. Il est incontestable que le *Melilotus alba* est une plante voyageuse qui se répand de plus en plus dans le Bourbonnais.

Il y a deux ans j'ai été assez désagréablement surpris de recueillir dans le Cher, aux Varennes, l'*Helodea canadensis* que nous avions jusque là le bonheur de ne pas posséder. C'est une plante du Canada qui envahit aujourd'hui tous les cours d'eau de France, elle se propage avec la plus grande facilité et détruit ainsi toute espèce de végétation. Elle nous est venue par le canal du Berry dont les eaux, au moment du curage annuel, sont déversées dans les obéries de Blanzat d'où elles s'écoulent dans le Cher. Le *Naias minor* des Varennes a été probablement introduit aussi par la même voie. J'ajouterai que certains insectes aquatiques et des Mollusques d'eau douce, de provenance éloignée, ont pu être ainsi transportés dans les eaux du Cher aux Varennes.

D'autres végétaux ont été introduits dans ce département avec les semis de gazons ou de céréales. C'est ainsi que le *Veronica Buxbaumii* a fait son apparition sur les talus du cours de Bercy à Moulins, et nous commençons à le voir se propager à Montluçon dans les terrains cultivés de Désertines et au bord du Cher. L'*Hirschfeldia adpressa*, plante méridionale, est dispersée çà et là dans les sables de l'Allier à Moulins, et j'en ai récolté un pied cette année dans les déblais de la route des Iles près Montluçon. Le *Berteroa incana* autour de Lapalisse, l'*Ambrosia artemisiæfolia* dans les prairies artificielles des environs de Moulins sont des espèces adventices et complétement étrangères à notre région.

Dans l'arrondissement de Gannat, M. l'abbé Berthoumieu avait découvert il y a quelques années une plante d'Auvergne le *Scirpus Tabernæmontani* Bor., L. et L., dans les fossés de la fontaine minérale de Vauvernier près de Jenzat. Dernièrement M. H. du Buysson, qui s'occupe des plantes au point de vue de l'Entomologie, recueillait dans le même endroit quelques plantes intéressantes, qui avaient échappé à M. Berthoumieu, et que l'on a l'habitude d'observer autour des sources minérales du département du Puy-de-Dôme. Sur son invitation j'ai exploré une première fois avec lui, et d'une façon un peu superficielle, les prairies arrosées par les eaux salées de la fontaine citée plus haut. C'est dans une seconde excursion (20 août), après des recherches plus attentives, que j'ai récolté un certain nombre d'espèces caractéristiques des marais salants du Puy-de-Dôme, dont l'existence dans notre région se trouve ainsi parfaitement constatée. Ces marais situés sur les confins de la Limagne, présenteraient donc une flore analogue à celle de cette riche contrée qui s'étend jusque dans le département de l'Allier.

Les environs de Chambon et d'Evaux (Creuse) ont également apporté leur contingent à la flore de la province qui nous occupe, et j'ai recueilli, sur les bords de la Tarde, le *Dianthus Seguieri* Bor. non Chaix, et l'*Asplenium Halleri* dont nous connaissons seulement quelques localités.

Je terminerai en ajoutant que les coteaux calcaires de l'arrondissement de Saint-Amand, émaillés des espèces rares des terrains jurassiques, viennent enrichir la flore de notre ancienne province du Bourbonnais dont l'étendue était beaucoup plus en rapport avec la valeur de ses productions végétales. Le département de l'Allier, réduit par ses limites administratives, ne pouvant en donner qu'un aperçu imparfait, j'ai dû adopter définitivement le nom de Flore du Bourbonnais pour l'ouvrage qui présentera le tableau le plus complet de la végétation de cette contrée.

Montluçon, 1er Septembre 1884.

PHANÉROGAMES

DICOTYLÉDONES

Renonculacées

Thalictrum riparium Jord., Bor. Fl. *centr.* édit. 3 p. 5. — Bords du canal du Berry entre Vallon et Urçay ! Montluçon, bords du Cher ! (1).

Batrachium Drouetii Nyman, *Syll. Fl. Eur.* p. 174. — Environs de Gannat dans l'Andelot !.

— **radians** Desmoul. *Cat.* p. 5. — *Ranunculus radians* Revel, Bor. *Fl. cent.* édit. 3 p. 11, Pér. *Cat.* p. 53. — Huriel, dans la Maggieure ! — Montluçon, vallée du Lamaron ! — Audes, étang des Fulminais ! — AC.

— **homœophyllum** Pér. in *herb.*, *Ranunculus aquatilis* var. *homœophyllus* Pér. *Cat.* p. 53. — Pétales au moins 2—3 fois plus grands que le calice.— Feuilles toutes submergées, capillaires, réunies en pinceau allongé au sortir de l'eau. — Montluçon dans les eaux courantes !.

Le *Batrachium Martini* Pér. in *herb.*, *Ranunculus flaccidus* et *Martini* Lam. *Prod.* p. 44, a été indiqué par Lamotte aux environs de Gannat. — Le *B. rhipiphyllum* Dum. a été trouvé sur nos limites dans le département de la Loire.

Ranunculus parviflorus L., Pér. *Cat.* p. 54. — Montluçon, bords des chemins et décombres aux Iles ! Nerde au-dessus du moulin !.

— **Boreanus** Jord., Pér. *Cat.* p. 54. — Montluçon, Désertines, Lavault-Sainte-Anne !.

— **nemorosus** DC. pro parte. — *R. arvinus* Pér. in *herb.* — Tige et pétioles couverts de poils étalés, fleurs moitié plus petites que celles du *R. Amansii* Jord. Pétales d'un jaune pâle à base rétrécie-cunéiforme. — Marcillat, clairières du bois des Champeaux ! et probablement ailleurs dans le département.

— **Amansii** Jord., Pér. *Cat.* p. 228. — Fleurs grandes d'un beau jaune orangé à l'état sec. Pétales largement obovales, à base non rétrécie. — Montluçon, bois de Chauvière, bois des Modières, vallée du Lamaron ! — Cérilly, forêt de Tronçais ! — Blomard, forêt de Château-Charles ! Audes ! etc.— Env. de Besson, Moladier et Boisplan ! (*Moriot*).

Var. *albo-maculatus*.— Feuilles tachées de blanc-jaunâtre.— Montluçon, vallée du Lamaron et bois de la Brosse !.

— **contiguus** Pér. in *herb.* — Cette forme diffère du *R. Amansii* Jord. par ses feuilles à segments contigus, se recouvrant presque tous par leurs bords. Les dents des feuilles sont courtes, triangulaires, subobtuses, et les carpelles allongés non enroulés. — Env. de Lignerolles, bois de la Garde !

(1) Le point d'affirmation indique que je possède en herbier un ou plusieurs spécimens de l'espèce, recueillis par moi ou par le botaniste dont le nom est cité.

où elle persiste avec ses caractères depuis plusieurs années. — M. Gandoger (*Fl. Eur.* p. 188) a divisé en quatre espèces ce type qui m'a toujours paru distinct.

Pulsatilla rubra Delarbre *Fl. d'Auv.* édit. 2 p. 553. — *Anemone rubra* Lamk *Dict.* 1 p. 163. — Moulins, clairières aux environs du Pré de la Cave ! (*Denoue* in Bor. *Fl. centr.* édit. 3, p. 41). — Saint-Pourçain, coteau de Briaille, Verneuil, Branssat ! (*Rodde* in Bor. *l. c.*). — Env. de Gannat, Neuvialle, Saint-Bonnet-de-Rochefort, Charroux, Jenzat ! (*Migout Additions* p. 11) ; Chantelle, rochers de la Bouble ! (*Berthoumieu*).

Isopyrum thalictroides L., Pér. *Cat.* p. 55. — Bois de Veauce et de la Lizolle (*Lamotte*). Bords de la Sioule, Saint-Pourçain, Jenzat ! (*Migout Addit.* p. 12).—Env. de Bayet, bois de Saint-Didier ! (*Berthoumieu*) ; bois de Giverzat (*H. du Buysson*). — Sidiailles, Culan, bords de l'Arnon ! (Bor *Fl. centr.* édit. 1 p. 15). — Le Theil (*Chomont*).

Aquilegia vulgaris L., Pér. *Cat.* p. 55, forma *calcarea* Pér. in *herb.* — Plante beaucoup plus petite dans toutes ses parties ; feuilles souvent rougeâtres. — Saint-Amand, dans les calcaires infraliasiques !.

Nymphéacées.

Nymphæa alba L., Pér. *Cat.* p. 56 et *Suppl.* p. 7.— Lurcy-Lévy !—Boisplan, étang des Boucherons (*Moriot*).

Nuphar luteum Sibth. et Sm., Pér. *Cat.* p. 56 et *Suppl.* p. 7.— Montluçon, bords du canal du Berry dans les fossés ! (1re et 2me écluse). — Forêt de Tronçais, étangs de Saint-Bonnet et de Tronçais ! La Sologne à Morat !. — Beaulon, au Meuble (*Moriot*).

Papavéracées.

Glaucium luteum Scop. — Cette espèce, indiquée en note dans mon Catalogue p. 56, s'est naturalisée aujourd'hui au bord du Cher près de la Glacerie et sur les montagnes de laitier de l'usine Saint-Jacques. Elle a probablement été introduite avec les minerais de fer, ainsi que les Chénopodées citées plus loin.

Fumariacées.

Fumaria Vaillantii Loisel. — Montluçon, champs calcaires de l'Abbaye ! — Ussel ! *(Berthoumieu)*. — Env. de Saint-Amand, champs de Bouzais ! *(Boreau)*.

Résédacées.

Reseda lutea L. — Forma *crispa* Mill. — Cette forme, qui se distingue par ses feuilles linéaires à lobes sinués-ondulés, croît avec le type au bord des chemins calcaires entre Etroussat, Ussel et Fourilles !.

Violariées.

Viola permixta Jord. — Assez commun dans les haies et les broussailles des terrains calcaires et granitiques ! — Espèce ordinairement confondue avec le *Viola hirta* L.

— **virescens** Jord.— Env. de Saint-Bonnet-de-Rochefort et de Vicq ! Sussat, Veauce, Ebreuil *(Lamotte Prodr.* p. 116).

— **dumetorum** Jord.— Env. de Gannat ! Chaptuzat, Ebreuil, Sussat, Vicq au bord de la Veauce ! *(Lam. Prodr.* p. 117). — Chambon, coteaux de la Voëze *(De Cessac* in Bor. *Fl. centr.* édit. 3 p. 757).

— **suavissima** Jord., Lam. *Prodr.* p. 118. — Cultivé dans quelques jardins de Montluçon. Cette espèce diffère dn *Viola odorata* L. par les proportions plus grandes de toutes ses parties, et surtout par ses feuilles plus larges et ses fleurs beaucoup plus longuement pédonculées. Dans mon jardin elle fleurit depuis le mois de Décembre jusqu'à la fin de Mars et même au commencement d'Avril, quand l'hiver n'est pas rigoureux.

Crucifères.

Barbarea rivularis Matr. Don., Pér. *Cat.* p. 58. — Env. de Saint-Amand ! — Env. de Gannat : bords de la Sioule ! Saint-Germain de Salles ! — A.C.

Turritis glabra L. — Vallon-en-Sully, bords du canal ! Montluçon, bois de Chauvière ! Lignerolles, bois de la Garde ! — Bords de la Sioule !.

Arabis conferta Rechb. — Env. de Gannat, à Neuvialle ! *(Dr Vannaire)*; plante glabre ou pubescente, feuilles caulinaires presque entières, les supérieures plus étroites.

— **Thaliana** L., forma *A. rubescens* Pér. in *herb.* — Plante beaucoup plus petite dans toutes ses parties, atteignant au plus un décimètre. Tige grêle, simple ou rameuse supérieurement, couverte à la base de poils étalés. Feuilles radicales vertes, lavées de rouge, ou rougeâtres, petites, ovales ou ovales-oblongues, sinuées ou peu dentées, velues-ciliées, les caulinaires conformes et peu nombreuses. Pétales blancs un peu plus grands que les sépales qui sont souvent rougeâtres. Siliques très grêles, étalées, arquées à la maturité. R. — Montluçon, sur les débris scoriacés provenant des fourneaux de la fabrique de produits chimiques.

Cardamine udicola Jord., Pér. *Cat.* p. 59.— Huriel, bords de la Maggieure !.

— **Impatiens** L., Pér. *Cat.* p. 59 et 230. — Montluçon, vallée du Lamaron ! — Laprugne, rochers du Saint-Vincent ! — Env. de Saint-Pourçain ; bords de la Sioule ! *(Rodde)*.

Dentaria pinnata Lamk, Bor. *Fl. centr.* édit. 1, p.53.— Laprugne, bois de la Burnolle ! *(Bletterie)* ; Env. de Cusset ! *(Batillat, Arloing)*; Busset, bords du Sichon (Bor. *Fl. centr.*) ; Sidiailles, bords de l'Arnon ! *(Saul)* ; Env. de Saint-Pourçain : bois de Giverzat ! *(Berthoumieu)*.

Conringia orientalis Rechb. — *Erysimum orientale* Brown, Bor. *Fl. centr.* édit. 1, p. 56. — Montluçon *(Boreau)* dans les moissons de Crevallat près Domérat ! — Env. de Saint-Pourçain, Montord, Louchy, Bayet ! Etroussat ! (Bor. *Fl. centr.*).

Sinapis nigra L., Bor. *Fl. centr.* édit. 3, p. 50. — Arrondissement de Montluçon, bords du canal entre Vallon et Urçay ! ; peu C.

Hirschfeldia adpressa Mœnch. — *Sinapis incana* Bor. *Fl. centr.* édit. 3,

p. 50. — Plante adventice qui s'est propagée sur les sables de l'Allier et dans les champs cultivés autour de Moulins !, et dont j'ai rencontré cette année un exemplaire dans les décombres et les terres remaniées de la route des Iles près de Montluçon ! — Cette espèce méridionale et voyageuse se répand facilement comme le *Melilotus alba*, et il suffit souvent d'un pied introduit avec des semis de gazon ou de prairies artificielles pour que la plante se naturalise dans une localité où elle n'existait certainement pas. Il serait donc fort possible que, dans plusieurs années, cette espèce fut aussi commune à Montluçon qu'elle l'est autour de Moulins.

Diplotaxis muralis DC. — Env. de Saint-Pourçain ; champs calcaires entre Etroussat et Fourilles ! — Env. de Gannat ; calcaires de la Bâtisse !.

— **tenuifolia** DC. — Arrondissement de Montluçon : environs de la gare de Magnette ! — R.

Calepina Corvini Desv. — Le Vernet, dans les champs au bord de la Sioule ! (*H. du Buysson*).

Myagrum perfoliatum L., Pér. *Cat.* p. 215. — Montluçon, moissons de Crevallat ! — Env. de Bayet, champs de Douzon ! (*Berthoumieu*).

Isatis campestris Stev. in DC. — Env. de Saint-Pourçain au Pic de Breu ! (*Rodde* in Lam. *Prodr.* p. 99).

Capsella rubella Reuter. — Montluçon, bords du Cher ! route de Terre-Neuve ! Marignon ! — Gannat ! Broût-Vernet ! etc.

Lepidium graminifolium L. — Env. de Broût-Vernet !.

Iberis amara L. — Saint-Amand, dans les carrières calcaires de l'Infralias !

— **arvatica** Jord., Lam. *Prodr.* p. 102. — Env. de Gannat : les Chapelles ! carrières du Montlibre ! — Env. de Saint-Pourçain : champs et vignes entre Etroussat et Fourilles ! champs du Vernet ! Bayet ! Charroux ! etc. — Commun dans les terrains calcaires.

Biscutella controversa Bor. *Fl. centr.* édit. 3, p. 56, Lam. *Prodr.* p. 100.— Rouzat et Neuvialle (*Lamotte*) (*Besson et Nony* in Migout *Add.* p. 18).

Cette espèce se rencontre tout le long de la Sioule depuis Saint-Bonnet-de-Rochefort jusqu'au moulin Perrot près de Charroux et de Jenzat !

Dans cette dernière station, les feuilles fortement dentées et sinué-pennatifides (les supérieures à base très embrassante) représentent parfaitement le type.

Caryophyllées.

Dianthus Boræi Nob. — *D. Seguieri* Bor. *Fl. centr.* édit. 3 p. 90, non Chaix in Vill.

Racine grêle produisant des rejets feuillés, plus ou moins allongés, nombreux. Tiges 1—4 décim. couchées à la base puis redressées, souvent dichotomes, quelquefois uniflores. Feuilles glabres, uninerviées à nervure saillante, celles des rejets lancéolées-linéaires subaigües, à base rétrécie, les caulinaires allongées, acuminées, toutes soudées à la base en une gaîne à peine plus longue que large. — Limbe finement denticulé sur les bords.

Inflorescence terminale, 1—4 fleurs en cyme, souvent 1—2 fois dichotome; bractées lancéolées très aigües. Calice florifère cylindrique à dents lancéolées aigües, vertes au sommet. Tube du calice d'un vert-violacé, strié dans toute sa longueur, rétréci au sommet lorsqu'il est fructifère. Calicule formé de 4 bractées striées, violacées, les extérieures oblongues-lancéolées aigües, les intérieures contractées en une pointe plus courte que le tube et appliquées sur lui. Pétales dentés, rouges ou roses, présentant des lignes plus foncées; graines chagrinées. — Août et sept. — Creuse : bords de la Tarde entre Chambon et Evaux !.

Forma *umbrosa.* Plante moins élevée, à rejets stériles très allongés, plus feuillés. Inflorescence uniflore ou pauciflore. Cette variété est au *D. Borœi* ce qu'est le *D.alpestris* Bor. par rapport au *D. silvaticus* Hoppe. Elle croît avec le type sur des rochers ombragés où ses rejets stériles forment des touffes d'un beau vert qui la font reconnaître de suite, même après la floraison.

Le *D. geminiflorus* Loisel., par les divisions de son calicule toutes ovales-lancéolées acuminées (*ovato-lanceolatis acuminatis* Loisel.), est voisin du *D. Seguieri* Chaix dont il se distingue par ses feuilles uninerviées. Ce dernier caractère rapprocherait notre plante du Centre de celle décrite par Loiseleur, mais elle en diffère par ses fleurs plus nombreuses et surtout par son calicule à divisions internes subcuspidées à peu près semblables à celles du *D. silvaticus* de Hoppe.Elle se distingue de ce dernier par ses feuilles à une seule nervure saillante et par la forme de son inflorescence. Le *D. alpestris* Bor. est une forme pauciflore qui par ses feuilles trinerviées et par ses divisions calicinales internes pourrait peut être avec raison être considéré comme une variété du *D.silvaticus* de Hoppe, ainsi que l'a fait Lamotte dans son Prodrome p. 136, mais je ne partage nullement son opinion pour le *D. Seguieri* Bor. non Chaix qui me parait être une forme du Centre bien distincte, ainsi que l'avait parfaitement compris le savant auteur de la Flore du Centre de la France. Aussi je me fais un devoir de la lui dédier.

Vaccaria vulgaris Host, Lam. *Prodr.* p. 133. — Champs calcaires entre Etroussat, Ussel et Fourilles !.

Cucubalus bacciferus L., Pér. *Cat.* p. 65. — Urçay, l'Etelon, la Maillerie ! Forêt de Tronçais près du rond-point du Chevreuil et de l'étang de Saint-Bonnet-le-Désert ! — Gannat, aux Duriers ! Charroux ! Jenzat, bords de la Sioule ! — AC.

Viscaria purpurea Wim. — *Lychnis viscaria* Pér. *Cat.* p. 66. — Gorge de Thizon près Verneix ! *(De Lambertye).*

Après plusieurs années de recherche, j'ai fini par retrouver la station de cette espèce qui est très localisée aujourd'hui.

Melandrium silvestre Rœhl., *Lychnis diurna* Sibth., Pér. *Cat.* p. 66. — Laprugne, bois d'Assise ! — Bords de la Sioule, Jenzat ! la Vernue et Neuvialle ! Bayet ! etc.

Var. *foliis variegatis*. Feuilles tachées de blanc et de jaune. — Bizeneuille, bords du ruisseau de Mauvaisinière !.

Spergula vulgaris Bœnningh., Pér. *Cat.* p. 67. — Champs calcaires du Vernet près de Gannat, Saint-Amand, Moulins, Montluçon ! — Cette espèce, dans certaines régions, est plus commune que le *S. arvensis* L. — Var. *major*. *S. arvicola* Pér. in *herb.* — Plante beaucoup plus grande dans toutes ses parties, tiges de 5-6 décimètres, robustes, décombantes, rameuses supérieurement, pubescentes-glanduleuses au sommet. Feuilles vertes, allongées linéaires-subulées, pubescentes-glanduleuses. Inflorescence à rameaux subétalés ou très divariqués. Pédicelles et calices hispides-glanduleux; capsule ovale, grosse, dépassant plus ou moins les sépales du calice; graines noires très peu bordées et munies de papilles roussâtres. — Env. de Commentry, dans les champs !.

Cette forme paraît voisine du *S. maxima* Weihe in Bœnningh. *Fl. Monast.* p. 136, mais elle en diffère par ses proportions moindres, par ses feuilles pubescentes-glanduleuses, par la bordure très étroite de ses graines et par la couleur des papilles de ces dernières. En effet Bœnninghausen *(l. c.)* dit de son *Spergula maxima* « *foliis fasciculatis glabris, seminibus marginatis papillis albidis exasperatis* ».

Spergularia marginata Bor. *Fl. centr.* édit. 3 p. 106. — Env. de Jenzat, prairie de la fontaine minérale de Vauvernier !.

Malachium aquaticum Fries, Pér. *Cat.* p. 69. — Moulins, bords de la Queune ! — Env. de Gannat : bords de la Sioule, Neuvialle et la Vernue ! Jenzat ! Bayet ! — Montluçon, bords du Cher et du canal !.

Sagina patula Jord., Pér. *Cat.* p. 67. — Env. d'Audes, lieux argileux ! — Culan (*Saul*). — Sceauve (*Rodde*). — Neuvialle et Rouzat ! (*Lamotte*). — Montluçon, étang des Modières !.

Linacées.

Linum tenuifolium L. forma. — *L. stricticaule* Pér. in *herb.* — Tiges 4-6 décim. robustes, dressées, rameuses supérieurement, à rameaux, subétalés divariqués. Feuilles acuminées, ordinairement appliquées contre la tige, et bordées, à la loupe, de nombreux cils raides et transparents. Fleurs lilas, jaunâtres dans le bouton avant l'Anthèse. Capsule globuleuse plus courte que les lobes du calice persistants. Graines oblongues finement ponctuées.— Env. de Gannat, sur les micaschistes des bords de la Sioule !.

Malvacées.

Althæa hirsuta L., Pér. *Cat.* p. 70. — Montluçon, champs calcaires de l'Abbaye ! de Grandfond et des Chanets ! — Env. de Gannat, champs de Saulzet et de Jenzat ! Ebreuil ! (*Lamotte*). — Saint-Amand !.

Malva intermedia Bor. *Fl. centr.* édit. 3, p. 119. — Moulins, bords de la Queune ! — La Feline (*Causse* et *Rodde* in Lam. *Prodr.* p. 160).

Hypéricinées.

Hypericum microphyllum Jord., Pér. *Cat.* p. 70. — Coteaux calcaires de Saint-Amand ! — Coteaux granitiques entre Gannat et Ebreuil ! (*Lamotte*).

— **hirsutum** L., Pér. *Cat.* p. 71. — Env. de Lignerolles, bords du Cher ! — Bords de la Tarde entre Evaux et Chambon ! — Env. de Gannat : bords de la Sioule, Rouzat ! Neuvialle! Jenzat ! — AC.

Une forme a feuilles plus ovales, et à inflorescence plus compacte, croît dans cette dernière localité.

— **tetrapterum** Fries, Pér. *Cat.* p. 70.— Gannat ! Broût-Vernet ! Fourilles ! Montmarault, forêt de Château-Charles ! Néris-les-Bains ! — C.

Géraniacées.

Geranium pyrenaicum L., Pér. *Cat.* p. 72 et *Suppl.* p. 8. — Moulins, dans les haies du Hautbarrieu !—Montluçon, vallées du Lamaron et du ruisseau de Néris ! — Hérisson, bords de l'Aumance ! — Env. de Gannat, bords de la Sioule ! .

— **lucidum** L. — Arrondissement de Montluçon, bords du Cher aux environs de Prat et d'Argenti !.

Oxalidées.

Oxalis acetosella L. — Var. *foliis variegatis*, feuilles élégamment rayées de blanc. — Env. de Montluçon, ravin de Gouttière !.

— **stricta** L., Pér. *Cat.* p. 73. — Bords du Cher !. C ; bords de la Sioule, la Vernue ! Jenzat ! le Vernet ! Bayet !.

Légumineuses.

Genista anglica L., Pér. *Cat.* p. 73. — Brandes de Saint-Victor et d'Estivareilles ! — Lurcy-Lévy, bois de Neure ! — Le Theil (*Chomont*).

Ononis campestris Koch et Ziz, Bor. *Fl. centr.* édit. 3, p. 144. — *Ononis spinosa* L. pro parte. Assez commun dans le Calcaire.

Env. de Saint-Pourçain : Bayet ! Etroussat ! — Env. de Gannat : Sussat près Ebreuil, Escurolles, Poézat ! (*Lamotte* in *Prodr.* p. 186) Saulzet ! Jenzat !.

— **confusa** Bor. *Fl. centr.* édit. 3, p. 144. — Montluçon, bords du Cher !.

— **columnæ** All., Pér. *Suppl.* p. 8.— Saint-Amand, calcaires infraliasiques !.

— **natrix** L. — Saint-Amand au dessus de la Garenne d'Orval !.

Medicago media Pers., Bor. *Fl. centr.* édit. 3, p. 147 ; *M. falcato-sativa* Rechb. — Moulins, bords de l'Allier ! — Env. de Gannat, champs entre Jenzat et la Vernue !

— **falcata** L., Pér. *Cat.* p. 74 et *Suppl.* p. 8.— Env. de Gannat, champs des Duriers ! — Saint-Amand, calcaires infraliasiques !.

— **cinerascens** Jord., Bor. *Fl. centr.* édit. 3, p. 149. — Moulins, bords de l'Allier ! (*Boreau*).

— **minima** Lamk, Pér. *Suppl.* p. 8. — Moulins, bords de l'Allier ! — Montluçon, montagnes arides derrière Lavault-Sainte-Anne ! AC. — Saint-Amand ! — Gannat, à Neuvialle !.

Melilotus macrorhiza Pers., Lam. *Prodr.* p. 194. — Env. de Gannat, champs marécageux des Duriers ! Biozat, Saulzet ! (*Lamotte*). — Marais entre Etroussat et Fourilles !.

— **alba** L. — Plante adventice et voyageuse, naturalisée sur les bords de l'Allier ! dont elle suit le cours dans le département. — Gare de Gannat ! — Montluçon, au Roc-du-Saint, un pied sur la voie du chemin de fer ! — Forêt de Troncais, usine de Morat !.

Cetts espèce se répand de plus en plus dans le Bourbonnais, ses graines sont transportées dans les gares et sur la voie par les vagons des chemins de fer.

Trifolium rubens L., Pér. *Suppl.* p. 8. — Calcaire de Charroux ! (*Baudonnet*). — Côte de Fourilles ! (*H. du Buysson*).

— **Molinerii** Balb., Pér. *Suppl.* p. 8.— Besson ! (*Moriot*) ; Env. de Gannat route de Neuvialle ! (*Dr Vannaire*). — Dans les environs de Bayet l'inflorescence de cette forme est en épi cylindrique allongé ou en tête !.

— **maritimum** L. — Env. de Jenzat, prairie de la fontaine minérale de Vauvernier ! (*H. du Buysson*).

— **medium** L., Pér. *Cat.* p. 75 et *Suppl.* p. 8. — Montluçon, coteaux de Lavault-Sainte-Anne ! — Hérisson, bords de l'Aumance dans le bois du château de la Roche ! — Env. de Saint-Pourçain, bois de Giverzat ! (*Berthoumieu*).

— **pratense** L. — Pelouses des montagnes. Spontané au Montoncelle !.

Var. *microphyllum*. Lec. et Lam. *Cat.* p. 131 ; T. *microphyllum* Desv. — Env. de Jenzat, prairie de la fontaine minérale de Vauvernier !.

Cette espèce est cultivée ainsi que le *T. sativum* Rechb, ce dernier connu sous le nom de trèfle de Hollande.

— **subterraneum** L., Pér. *Cat.* p. 65 et *Suppl.* p. 8.— Env. de Montluçon, bords du Cher aux Varennes ! Marignon ! Nerde ! Le Vernet près Gannat ! (*H. du Buysson*).

— **striatum** L., Pér. *Cat.* p. 75. — Lavault-Sainte-Anne ! Nerde ! Néris ! le Vernet près Gannat ! — AC.

— **elegans** Savi, Bor. *Fl. centr.* édit. 3 p. 159. — Env. de Gannat, prairie des Raynauds !. AC. — Moulins, Septfonds ! (Bor. *Fl. centr.*).

— **glomeratum** L., Pér. *Cat.* p. 75 et *Suppl.* p. 8. — Montluçon, sur les collines au-dessus de Lavault-Sainte-Anne ! AC. — Env. de Nerde, talus des sentiers près de la route de Néris !.

— **campestre** Schreber. — Spicis ovalibus imbricatis, vexillis deflexis persistentibus plicatis, *pedunculis longitudine foliorum* ,foliolis obovatis obtusis, caule erecto, ramis procumbentibus. Schreber in Sturm. 1. 16, et Schweig. *Fl. Erlang.* p. 60. — Vaillant *Bot. par.* tab. 22 fig. 3 !.

Commun dans les terrains en friche et dans les champs cultivés.

D'après Soyer-Willemet (1) le *T. agrarium* L. et de beaucoup d'auteurs est, dans l'herbier de Linné, le *T. aureum* Poll., et cependant Linné renvoie (*Species* édit. 1, p. 772 et édit. 2, p. 1087), pour son *T. agrarium*, à la figure de la table 22 de Vaillant que j'ai citée plus haut. Il faut donc adopter l'opinion de Soyer-Willemet (*l. c.* p. 6) qui laisse entendre que Linné a pu confondre, sous le nom *d'agrarium*, les deux types distingués par Schreber et Pollich. Aussi je suis d'avis, ainsi que je l'ai énoncé dans une note sur la Section *Chronosemium* (*Bull. Soc. bot.* t. XV), que le nom de *T. agrarium*, prêtant à une confusion regrettable, doit être abandonné et remplacé par les noms des deux espèces distinctes auxquelles il correspond. J'ai démontré (*l. c.*) qu'il en était de même du *T. filiforme* L. qui comprend les *T. minus* Relhan et *T. micranthum* Viv.

Var. *elatius* Pér. *Cat.* p. 76. — *T. confine* Pér. in *herb.* — Tige dressée, allongée, à rameaux nombreux, diffus, étalés, pubescents. Folioles obovales-cunéiformes (l'impaire plus ou moins longuement pédicellée) à limbe nervié, émarginé et denticulé au sommet. Stipules acuminées ciliées, à base élargie. Pédoncules florifères *dépassant la feuille*, parfois assez longuement. Capitules ovoides ou ovales-oblongs, gros, brunissant légèrement par la dessication, composés de 40-50 fleurs d'un beau jaune clair. Dents du calice munies de longs poils blancs.

Cette forme diffère du *T. campestre* Schreb. par ses pédoncules florifères plus longs que les feuilles, par ses fleurs d'un jaune plus foncé. Elle se distingue de l'espèce suivante par ses capitules de fleurs beaucoup plus gros, plus longuement pédonculés, par ses stipules plus acuminées et par la villosité des dents du calice.

T. pseudo-procumbens Gmel. — Spicis ovali-oblongis, imbricatis, vexillis deflexis persistentibus, calycibus villosiusculis, stipulis ovatis latissimis ciliatis, foliolis omnibus pedicellatis obovatis. Gmelin *Fl. bad.* t. 3, p. 240 (1808).

Cette forme est intermédiaire entre le *T. campestre* Schreb. et le *T. minus* Relhan. Elle se sépare du premier par ses fleurs d'un beau jaune et non d'un jaune pâle, par ses folioles plus petites, plus courtes, à foliole impaire courtement pédicellée, enfin par ses capitules ovales-oblongs, environ de moitié plus petits. Elle diffère à priori du *T. minus* par ses capitules de fleurs nombreuses (40-50) et serrées.

Env. de Besson, forêt de Moladier ! (*Moriot*).

Var. *gracile*. — *T. Schreberi* Jord. — Plante beaucoup plus petite dans toutes ses parties. — Lieux sablonneux.

Lotus tenuis Kit., Lam. *Prodr.* p. 208, *L. tenuifolius* Rechb, Bor. *Fl. centr.* édit. 3, p. 161. — Lieux marécageux. — Env. de Gannat, prairie des Duriers ! AC. — Jenzat, marais de Vauvernier !. Dans cette der-

(1) Nouvelles observations sur les trèfles de la Section *Chronosemium* (1852) voir p. 4.

nière localité les feuilles sont un peu plus courtes et plus épaisses que celles du type, elles se rapprochent de la variété *crassifolius* de Lecoq et Lamotte *Cat.* p. 137.

— **major** Scop., *L. uliginosus* Schk, Bor. — Lieux marécageux. — AC.

Var. *villosus*. Plante couverte de poils grisâtres. Env. d'Audes, dans les brandes de l'étang des Fulminais !.

— **angustissimus** L., Pér. *Cat.* p. 76. — Env. d'Audes et de la Chapelaude, les Fulminais !.

— **diffusus** Solander, Pér. *Suppl.* p. 8. — Env. de Montluçon et de Néris, grèves de l'étang des Modières ! — Saulzais, Culan, Sidiailles ! (*Saul*).

Tetragonolobus siliquosus Roth. — Très localisé dans certaines stations de l'arrondissement de Gannat. Lamotte (*Prodr.* p. 209) l'indique dans les marais de Saulzet et de Poézat qui sont aujourd'hui transformés en culture. Je l'ai constaté, dans l'herbier du docteur Vannaire, provenant depuis longtemps des bords de la route de Charmes. MM. Moriot et Lailloux l'ont recueilli vers les boires de la Sioule à la Chaise ! près Monétay-sur-Allier, d'où il tend à disparaître. Enfin, sur les indications de M. H. du Buysson, je l'ai récolté dans un pré marécageux aux environs de Fourilles ! où il existe sur un espace restreint. Il est probable que cette espèce rare sera rencontrée ailleurs dans le Bourbonnais.

Ervum tetraspermum L., Pér. *Cat.* p. 77. — Montluçon bois de la Brosse ! où il est assez commun.

— **gracile** DC, Pér. *Cat*, p. 17. — Env. de Grandfond et des Chanets, coteaux boisés au bord du chemin de fer !.

Vicia tenuifolia Roth ! — *Vicia varia* ? Pér. *Suppl.* p. 2. — Env. de Grandfond et des Chanets, dans les haies sur les coteaux au bord du chemin de fer !, Saint-Amand ! ; arrondissement de Gannat : coteau entre Ussel, Etroussat et Fourilles !. Varie à fleurs violettes et plus rarement blanches.

D'après Roth (*Manuale botanicum* p. 1014 et 1015) son espèce diffère du *Vicia Cracca* L. par ses tiges dressées, rameuses à la base, par ses folioles linéaires *trinerviées*, atténuées en un mucron court, par les stipules des feuilles inférieures semi-sagittées, les supérieures simples, enfin par ses fleurs violacées, *plus espacées sur leur pédoncule*, tandis que celles du *V. Cracca* sont condensées et serrées sur l'axe beaucoup plus court qui les supporte.

Lathyrus hirsutus L., Pér. *Cat.* p. 78 et *Suppl.* p. 9. — Env. du Vernet près Gannat ! — Lapalisse, moissons de Saint-Prix !.

— **tuberosus** L. — Gannat, champs des Duriers !. Etroussat !, Charroux ! (*Baudonnet*). — Env. de Saint-Amand, Orval !.

— **silvestris** L. — Montluçon, vallée du Lamaron dans les bois de Sainte-Hélène ! — Env. de Broût-Vernet, bois de Saint-Didier ! (*H. du Buysson*). — Saint-Amand, carrière du grand Tertre !.

Rosacées.

Cerasus Mahaleb Mill., Pér. *Cat.* p. 79. — Env. de Montluçon : bords du Cher, dans le ravin de la Garde !, au moulin de la Bique !, entre les moulins de Prat et d'Argenti !. — Lurcy-Lévy, bois de Neure (Melle *A. Pérard*). — Neuvialle près Gannat ! (*Dr Vannaire*).

Cette espèce est certainement spontanée, comme le *Tilia parvifolia* Ehrh., sur les rochers granitiques des bords du Cher et de la Tarde où elle croît souvent loin de toute habitation. Elle est parfois cultivée comme ornement dans les parcs.

Prunus fruticans Weihe, Pér. *Cat.* p. 79. — Assez commun entre Argenti (Allier) et Bussières, Chambon (Creuse).

Spiræa filipendula L. — Gannat (Bor. *Fl. centr.* édit. 3, p. 186) au Montlibre (*Lamotte*).

La rareté de cette plante dans le Bourbonnais me fait douter de son existence spontanée. Elle est souvent cultivée dans les jardins d'où elle s'échappe parfois. Je l'ai rencontrée dans la prairie avoisinant le jardin et la propriété de la Garde près de Lignerolles. M. Billiet (*Migout Add.* p. 34) l'a recueillie à Chiroux près de Gannat.

Fragaria elatior Ehrh., Bor. *Fl. centr.* édit. 3, p. 205. — Env. de Montluçon, talus boisés du ravin de Nerde et de Riat ! R. — Saint-Pierre-le-Moustier (*Boreau* l. c.).

— **collina** Ehrh., Bor. *Fl. centr.* édit. 3, p. 205. — Env. de Saint-Amand : Saint-Georges, Bouzais ! (*Saul* in Bor. *l. c.*). — Les Célestins près de Vichy (Lec. et Lam. *Cat. rais.* p. 154). — Env. de Vicq près Ebreuil et de Gannat ! (*Lamotte Prodr.* p. 246).

Comarum palustre L. Pér. *Cat.* p. 80. — Le Montet, bois de Mondry !.

Potentilla umbraticola Pér. in *herb.* — *P. verna* forma *elongata* Pér. *Suppl.* p. 9. — Tige subligneuse, rameuse, à rameaux noirâtres, très allongés, couchés, pendants sur les rochers. Feuilles inférieures, généralement à 5 lobes cunéiformes, divisés en 5 dents profondes, obtuses, la médiane plus petite ; velues, longuement pétiolées, à pétioles couverts de poils appliqués ou subétalés, les supérieures profondément trilobées ou bilobées dentées. Pédoncules velus. Fleur d'un beau jaune, à pétales obovales arrondis, *munis à la base d'une tache orangée.* Calice poilu à cinq sépales oblongs, élargis, subaigus, alternant avec les cinq divisions du calycule, lancéolées, obtuses, lavées de rougeâtre, et égalant les sépales. Carpelles jaunâtres, lisses, en partie comprimés, sur un recéptacle convexe.

Montluçon, rochers granitiques de la vallée du Lamaron, Gourre du Puy, ravin de Gouttière !.

— **tenuiloba** Jord., Bor. *Fl. centr.* édit. 3, p. 208. — Montluçon, bords du Cher !. — Bords de la Sioule, Broût-Vernet, Jenzat, La Vernue ! etc.

— **demissa** Jord., Bor. *Fl. centr.* édit. 3, p. 209. — Culan, rochers granitiques ! (*Saul* in Bor. *l. c.*). — Rochers de la Tarde entre Chambon et Evaux !. Env. de Boussac !.

Poterium dictyocarpum Spach, Lam. *Prodr.* p. 274. — Env. de Gannat, sur le Micaschiste entre Neuvialle et Rouzat ! — Vicq, Sussat *(Lamotte)*.

Agrimonia odorata Mill. *Dict.* t. 1. p. 64. — *Odorata, altissima, foliis « caulinis pinnatis, foliolis oblongis, acutis, serratis.* Ses feuilles ont « plus de lobes que la précédente *(A. Eupatoria)*, ils sont plus longs, « plus étroits et terminés en pointe, leurs dentelures sont plus aigües que « celles des autres ; et lorsque ces feuilles sont maniées, elles répandent « une odeur agréable. » Miller *l. c.* extrait.

J'ai copié exactement la description de Miller, généralement inconnue, afin de montrer que l'auteur de l'espèce ne s'est servi que du caractère des feuilles, de leurs lobes et de leur dentelure, ainsi que de l'odeur qu'elles émanent par suite du froissement. Le nombre des achaines (généralement deux), ajouté depuis dans nos Flores, ne peut donc être utile à la détermination de l'espèce que s'il concorde avec le caractère des feuilles. Il en est de même de la forme plus ou moins surbaissée des achaines. Boreau, qui était en relation suivie avec les botanistes anglais, devait avoir de cette plante une connaissance exacte, il l'a indiquée (*Fl. centr.* édit. 3) dans le département de l'Allier, où elle croît généralement dans certaines régions avec l'*A. Eupatoria* L. C'est d'après l'autorité de ce consciencieux observateur que je l'ai signalée dans l'arrondissement de Montluçon (*Cat.* p. 83). Je l'ai également recueillie dans les environs de Gannat, et il est probable que cette espèce est assez répandue dans le Bourbonnais.

Pomacées.

Pirus Achras Bor. *Fl. centr.* édit. 3, p. 235, Lam. *Prodr.* p. 280.— Forma *subconica.* Fruit petit un peu atténué au sommet, et à base arrondie non décurrente sur le pédoncule. Arbrisseau épineux, feuilles ovales, mucronées, denticulées au sommet, glabrescentes à la maturité du fruit, mais présentant toujours au-dessous des traces de la villosité printannière. — Assez commun autour de Montluçon dans les bois et les haies de clôture !.

— **salvifolia** DC, Bor. *Fl. centr.* édit. 3, p. 236, Pér. *Suppl.* p. 9. — Commun entre Bussières et Chambon ! (Creuse).

Amelanchier vulgaris Mœnch, Lec. et Lam. *Cat. rais.* p. 164. Bords de la Sioule, rochers de gneiss à Neuvialle (Lec. et Lam. *l. c.*), rocher de Vauvernier près de Jenzat !.

Onagraires.

Epilobium spicatum Lamk, Lam. *Prodr*, p. 290, Pér. *Suppl.* p. 5 et 9. — Env. de Gannat ; Neuvialle ! *(Lamotte)*, forêt de Marcenat ! *(H. Du Buysson)*. — Echassières, La Lizolle *(Billiet* in litt.). — Laprugne, bois d'Assise au Sapet ! *(Pérard* et *Migout* Excurs. p. 12) ; Ferrières, Busset au bord du Sichon ! (Boreau *Fl. centr.* édit. 3, p. 238). — Subspontané sur la voie du chemin de fer de Moulins, à Rocles près de Tronget, et dans la vallée du Lamaron à Sainte-Hélène près de Montluçon !.

— **intermedium** Mérat *Fl. par.* édit. 1, p. 147, *Revue Fl. par.* p. 42 ; Bor. *Fl. centr.* édit. 3, p. 239, Pér. *Cat.* p. 85. — Plante intermédiaire entre l'*Epilobium hirsutum*, dont elle se rapproche par la grandeur de ses feuilles, et l'E. *parviflorum* Schreb. *(E. molle* Lamk) dont elle diffère par ses fleurs un peu plus grandes, sa villosité moindre et par ses feuilles pétiolées plus largement oblongues-lancéolées. Assez commune dans les ruisseaux des terrains argileux autour de Montluçon !.

— **montanum** L., Pér. *Cat.* p. 85. — Blomard, forêt de Château-Charles ! — Bords de la Sioule, Bayet ! — Bords de la Tarde entre Chambon et Evaux !.

Var. *serratum.* — Feuilles fortement dentées en scie. — Lieux ombragés du bois de Douguistre près Montluçon ! Bizeneuille, forêt de l'Espinasse !.

— **collinum** Gmel. — *Caule erecto, tereti, foliis alternis, subsessilibus, ovato-lanceolatis, obtusis, dentatis, stigmate quadrifido.* Gmelin *Fl. bad.* t. 4, p. 265. — Espèce intermédiaire entre l'*E. montanum* et l'*E. lanceolatum*, mais beaucoup plus petite dans toutes ses parties. On la reconnaîtra facilement à ses tiges grêles, nombreuses, feuillées, à ses petites feuilles subsessiles, obtuses, et à ses siliques minces et effilées. — Env. de Marcillat, rochers granitiques de Lavault ! — Bords de la Sioule à Rouzat !. — Huriel, ravin de Nocq !.

— **lanceolatum** Seb. et Maur. *Flor. rom. Prodr.* n° 448, tab. 1 fig. 2 (optim. !) ; Pér. *Cat.* p. 85. — Montluçon, bords de la Vernoille ! Bords du Cher, la Garde près de Lignerolles ! — Chambon *(Pailloux)* et Evaux ! — Culan, Sidiailles *(Saul)*, bords de l'Arnon ! — Chavenon, Saint-Sornin (*Causse*), Ebreuil près Gannat (Bor, *Fl. centr.* édit. 1, p. 114). — Espèce très distincte, souvent confondue et assez commune dans le Bourbonnais, surtout dans les régions granitiques.

— **palustre** L., Pér. *Suppl.* p. 9. — Env. de Moulins, Izeure au Pré de la Cave! (*Servant*) ; Chavenon (*Causse*) ; La Palisse, Mayet de Montagne et Laprugne (Boreau *Fl. centr.* édit. 1 et 2) ; lieux humides au bord de la Tarde entre Chambon et Evaux !. — Les spécimens que j'ai recueillis en 1870 dans le Pré de la Cave sont pubescents, ils doivent être rapportés à la variété *pubescens* Coss. et Germ. —

— **Lamyi** Schultz, Bor. *Fl. centr.* édit. 3, p. 241, Pér. *Cat*, p. 85. — Montluçon, bords du canal du Berry ! — Bords du Cher ! — Bords de la Sioule !. — A. C.

J'ai cité cette plante dans mon *Catalogue raisonné* d'après l'autorité de Boreau qui la connaissait parfaitement ; j'ai comparé, depuis cette époque, mes spécimens à des types très bien nommés dans deux *Exsiccata,* et j'ai pu confirmer ainsi l'exactitude de la détermination faite par Boreau. Contrairement à l'opinion émise par Lamotte dans son

Prodrome p. 287, cette espèce existe bien dans le Centre de la France ailleurs qu'aux environs de Limoges, ainsi que je l'avais publié en 1870.

— **obscurum** Schreb., Bor. *Fl. centr.* édit. 3, p. 241, Pér. *Cat.* p. 86. — Moulins, Pré de la Cave ! — Montluçon, vallée du Lamaron !. gorge de Thizon !. — Chambon, Evaux ! (*Lamotte Prodr.* p. 287). — Bords de la Sioule, Jenzat, La Vernue !.— Cette espèce se distingue de la précédente par ses stolons feuillés, et par ses feuilles d'un vert plus opaque et généralement plus larges.

— **tetragonum** Bor. *Fl. centr.* édit. 3, p. 24, Pér. *Cat.* p. 85. — Montluçon, Désertines, Lignerolles, Meaulne, Urçay, l'Etelon !. — Moulins, Gennetines ! (*Migout*). — Bords de la Sioule !. — A. C.

Var. *linearifolium.* — Feuilles lancéolées-linéaires étroites. Fleurs deux fois plus grandes que celles du type. — Bords du Cher entre le grand Cougour et Saint-Genest !.

— **roseum** Schreber, Pér. *Cat.* p. 86. — Néris près Montluçon ! — Moulins (*Migout Addit.* p. 37) bords de la Queune ! — Sussat près de Vicq, bords de la Veauce (*Lamotte Prodr.* p. 287). — Chambon (*Pailloux* in Bor. *Fl. centr.* édit. 1, p. 11), bords de la Tarde !.

Var. *umbrosum.* — Lieux ombragés des bords de la Sioule au delà de Bayet ! — Plante élevée, très feuillée, pubescente ; feuilles oblongues-elliptiques, allongées, subsessiles ou longuement pétiolées.

Isnardia palustris L., Pér. *Cat.* p. 86. — Diou, boires de la Loire !. — Moulins (*Migout Addit.* p. 37) sables de l'Allier !.

Trapa natans L., Pér. *Cat.* p. 86. — Etangs de Tronçais et de Saint-Bonnet-le-Désert !. C. — Etangs des environs de Teillet !. — Introduit à Perreguines, au bord du canal !.

Haloragées.

Myriophyllum alterniflorum DC., Pér. *Cat.* p. 87 et *Suppl.* p. 10. — La Sioule, près Saint-Pourçain (*Causse* in Bor. *Fl. centr.* édit. 1, p. 194), boires du Vernet ! (*H. du Buysson*).

— **verticillatum** L., Pér. *Cat.* p. 87. — Moulins ! (Bor. *Fl. centr.* édit. 1, p. 194), boires de l'Allier, Chazeuil, etc. — Montluçon, boires du Cher ! étang des Modières ! Vallon-en-Sully, dans le canal ! — A. C.

Paronychiées.

Illecebrum verticillatum L., Pér. *Cat.* p. 88. — Viplaix, bords de l'Arnon ! Urçay, route de Beaumont à l'étang du Ris !.

Corrigiola littoralis L., Pér. *Cat.* p. 89. — Commentry, dans le vieux bourg ! — Vallon-en-Sully, environs des carrières de grès bigarré ! — Urçay, marnes irisées en allant de Beaumont à l'étang du Ris !.— La Valette près Chambon !.

Crassulacées.

Tillæa muscosa L., Pér. *Cat.* p. 89 et *Suppl.* p. 10. — Le Vernet près de Gannat ! (*H. du Buysson*).

Sedum maximum Suter, Bor. *Monogr. Sedum Telephium* p. 7. — Env. de Gannat : bords de la Sioule, rochers de Neuvialle ! de la Vernue ! (Lamotte *Prodr.* p. 303), Jenzat ! — Laprugne, bois d'Assise à la Pierre du Jour ! (*Pér.* et *Mig.* Excursion p. 9).

— **thyrsoideum** Bor. *Monogr.* p. 11. — Env. d'Ebreuil (*Lamotte* in *Prodr.* p. 304).

— **cepæa** L., Pér. *Cat.* p. 90. — Env. de Montluçon, le Thet, bois de Douguistre !, Lignerolles, près de Château-Gaillard !. — Bords de la Sioule, la Vernue !. — Chambon ! (Bor. *Fl. centr.* édit. 1, p. 104).

— **dasyphyllum** L., Pér. *Suppl.* p. 10. — Moulins ! — Env. de Cusset (*Blain* in Bor. *Fl. centr.* édit. 1, p. 207). — Mayet-de-Montagne, vieux murs ! Laprugne, murs de l'église ! (*Migout Addit.* p. 41).

Umbilicus pendulinus DC. Pér. *Cat.* p. 92. — Montluçon, bords du Cher : Saint-Genest, la Garde, Prat, Argenti, Beaubignat !. — Bords de la Tarde entre Evaux et Chambon !. — Bords de la Sioule : Rouzat, Neuvialle ! (Lec. et Lam. *Cat.* p. 181), La Vernue, Vauvernier, Jenzat !. — Rochers de Branssat près de Saint-Pourçain (*Rodde* in Bor. *Fl. centr.* édit. 1, p. 107), Chantelle, bords de la Bouble ! (*Berthoumieu*).

Grossulariées.

Ribes alpinum L., Pér. *Cat.* p. 93. — Dans les haies de la route des Varennes à Saint-Victor ! — Bords de la Sioule entre Neuvialle et Rouzat !.

Saxifragées.

Saxifraga tridactylites L., Pér. *Cat.* p. 93. — Montluçon, vieux murs des anciens remparts, fossé La Cave !, Désertines au Préau !, Les Iles !.

Chrysosplenium alternifolium L., Pér. *Cat.* p. 247. — Bords du Cher, moulin Rameau au-dessus de Chambouchard ! (*De Lambertye*).

— **oppositifolium** L., Pér. *Cat.* p. 93. — Env. de Montluçon, bords du Cher, ravin de Gouttière ! Château de l'Ours ! Bateau du Mas ! AC. — Env. d'Urçay, marnes irisées entre Beaumont et le Ris ! — Chantelle-la-Vieille, rochers de la Bouble (*Berthoumieu* et *Du Buysson*). — Laprugne, fontaine de Credogne, au pied du Montoncelle ! (*Bletterie*) ; bois d'Assise ! (*Pér.* et *Mig.* Excursion p. 7).

Ombellifères.

Helosciadium inundatum L., Pér. *Cat.* p. 94. — Env. de Moulins ! (*Migout*).

— **nodiflorum** Koch, var. *intermedium* Coss. et Germ., Pér. *Cat.* p. 94. — Dans les fossés de la fontaine minérale de Vauvernier près de Jenzat !.

Sison Amomum L., Pér. *Cat.* p. 94 et *Suppl.* p. 10. — Env. de Saint-Pourçain, Bayet ! Montord ! (Boreau *Fl. centr.* édit. 1, p. 191). — Bords des vignes entre la Roubière et Veauce (Lamotte *Prodr.* p. 325).

Ægopodium Podagraria L. — Env. de Saint-Pourçain, Chantelle au bord de la Bouble ! (*Rodde* in Bor. *Fl. centr.* édit. 1, p. 190).

Pimpinella magna L., Bor. *Fl. centr.* édit. 1, p. 187. — Gannat ! (*Boreau l. c.*) très commun sur les bords de la Sioule : Rouzat et Neuvialle ! la Vernue et Jenzat !. — Saulzet ! Charroux ! le Vernet ! Bayet ! Etroussat !. — Arrondissement de Montluçon : Hérisson, bords de l'Aumance. — R.

Var. *dissectifolia*. Folioles des feuilles plus profondément incisées, parfois trilobées. — Marais de la Limagne, les Duriers ! Poëzat !.

Berula angustifolia Koch, Pér. *Cat.* p. 95 et *Suppl.* p. 10. — Env. de Gannat (*Billiet* in Migout *Addit.* p. 44) fossés marécageux aux Duriers !. AC.

Bupleurum tenuissimum L., Pér. *Cat.* p. 95. — Moulins, Saint-Aubin près Saint-Hilaire (*Causse* in Bor. *Fl. centr.* édit. 1, p. 185). — Jenzat, prairie de la fontaine de Vauvernier !. AC.

Lecoq et Lamotte (*Cat.* p. 189) indiquent cette espèce autour des sources minérales du Puy-de-Dôme.

Œnanthe peucedanifolia Pollich, Pér. *Cat.* p. 222. — Estivareilles au Cluzeau !. — Huriel, prairies au bord de la Maggieure ! — Environs de Saint-Pourçain et de Gannat !.

— **Lachenalii** Gmelin, « *Involucrum 4-5-7 phyllum lineari-setaceum, parvum. Involucellum polyphyllum, foliolis 9-10 linearibus, longitudine fere umbellæ* » ; Fl. bad. t. 1, p. 678 extrait. — Gannat, Ebreuil, Poëzat (Lec. et Lam. *Cat.* p. 191). -- Marais de Contres, Saulzais, (Bor. *Fl. centr.* édit. 2, p. 227).

— **intermedia** Pér. in *herb.*, Bor. *Fl. centr.* édit. 3, p. 277 ?. — Plante intermédiaire entre l'*Œ. peucedanifolia* et l'*Œ. Lachenalii*, confondue souvent avec cette dernière.

Racine à fibres fusiformes, allongées, sessiles. Tige verte ou violacée surtout à la base, 5-9 décimètres, généralement simple ou portant parfois un rameau florifère, sillonnée, légèrement anguleuse, quelquefois finement striée. Feuilles presque toutes semblables, les radicales et caulinaires deux ou trois fois pennatifides, à lobes lancéolés-linéaires, allongés, aigus, les supérieures simplement pennées à 1-2 lobes conformes. Ombelles 6-15 rayons, raides, dressés, un peu contractés à la maturité. Involucre 1-5 folioles, souvent monophylle, quelquefois nul. Involucelles polyphylles à folioles étroites, acuminées, plus courtes que l'ombellule. Pétales blancs, petits, presque égaux. Fruits cylindracés, un peu rétrécis inférieurement, et portés sur un pédicelle épais, *sans anneau calleux à la base.* Styles moitié plus courts que le fruit. Fleurit fin juillet et août. — Lieux marécageux des environs de Saint-Pourçain et de Gannat ! ; peu C.

1° Cette forme diffère de l'*Œ. peucedanifolia*, dont elle est voisine, par son involucre parfois polyphylle, ses styles égalant environ la moitié du fruit, par ses ombelles et ses fleurs plus petites, sa floraison plus tardive, ses fruits portés sur des pédicelles épaissis.

2° de l'*Œ. Lachenalii* par ses feuilles radicales et caulinaires semblables, à lobes lancéolés-linéaires acuminés, par son involucre souvent monophylle parfois nul.

3° de l'*Œ. media* Griseb. et de l'*Œ silaifolia* Bieb., G. G. t. 1 p. 715, par ses fruits *à base dépourvue d'anneau calleux ;* l'absence de ce caractère l'a fait confondre avec l'*Œ. Lachenalii* dont elle a aussi les styles courts.

— **Phellandrium** Lamk, Pér. *Cat.* p. 95. — Marais entre Vichy et Gannat ! (Lamotte *Prodr.* p. 333), env. de Bayet ! *(H. Du Buysson).*

Seseli montanum L., Lec. et Lam. *Cat.* p. 192. — Gannat, au Montlibre ! à la Bâtisse !, Mazerier à Neuvialle !, Bègue, Jenzat ! *(Lecoq et Lamotte l. c.)* ; Charroux au Peyrou ! *(Baudonnet)* ; calcaires entre Etroussat, Fourilles et Ussel ! *(Migout).*

Meum Athamanticum Jacq., Bor. *Fl. centr.* édit. 3, p. 282. — Laprugne, prairies, bois d'Assise ! sommet du Montoncelle ! (Pér. et Mig. *Excursion* p. 11 et 16).

Peucedanum carvifolium Vill., Bor. *Fl. centr.* édit. 3, p. 284. — Arrondissement de Saint-Amand : La Guerche, Chapelle-Hugon, Sancoins ! *(Boreau* édit. 1, p. 203). — Env. de Diou, bords du canal latéral à la Loire !.

— **alsaticum** L., Bor. *Fl. centr.* édit. 3, p. 285. — Terrains calcaires. — Gannat, au Montlibre ! à la Bâtisse ! (Boreau *Fl. centr.* édit. 1, p. 203), Saint-Priest-d'Andelot (Lecoq et Lam. *Cat.* p. 195), Ebreuil (Lamotte *Prodr.* p. 339), Charroux ! *(Migout)*, Etroussat !, Ussel et Fourilles ! *(Berthoumieu et Bourgougnon).*

— **Oreoselinum** Mœnch, Bor. *Fl. centr.* édit. 3. p. 285, Pér. *Cat.* p. 96. — Moulins, Lapalisse, Molle, Vichy, Gannat, Montluçon, Hérisson *(Boreau* édit. 1, p. 204) — Charroux ! (Migout *Addit.* p. 45). — Bords du Cher ! de l'Aumance !, de la Sioule : Rouzat ! La Vernue ! Jenzat ! Le Vernet ! AC.

Pastinaca pratensis Jord., Bor. *Fl. centr.* édit. 3, p. 286, Lam. *Prodr.* p. 340. — Env. de Gannat, coteaux calcaires, les Chapelles ! le Montlibre !.

— **sativa** Mill. — Forêt de Tronçais, subspontané près des forges de Morat !.

Heracleum pratense Jord., Bor. *Fl centr.* édit. 3, p. 287. — Moulins, Montluçon, Gannat, etc. — C.

Caucalis daucoides L., Pér. *Cat.* p. 97. — Montluçon, Lavault-Sainte-Anne ! ; champs de Grandfond et des Chanets !. — Moulins, talus de l'Allier ! — Gannat, carrières du Montlibre ! — Env. de Saint-Pourçain, champs calcaires entre Etroussat, Ussel et Fourilles !.

Torilis helvetica Gmelin, forme *divaricata* DC., Pér. *Cat.* p. 232. — Gannat, coteaux des Chapelles ! champs de Bayet et du Vernet ! — Grandfond, les Chanets et l'Etelon !.

Anthriscus vulgaris Pers., Bor. *Fl. centr.* édit. 3, p. 292. — Montluçon, route de Marmignolles, au Daru !, décombres aux Iles ! — Huriel, au moulin Gargot !.

Chœrophyllum hirsutum L., Bor. *Fl. centr.* édit. 3, p. 294. — Env. de Gannat (*Saul*), bords de la Sioule ! — Châtel-Montagne, Le Mayet, Saint-Nicolas-des-Biefs ! *(Saul* in Bor. édit. 1, p. 211), Laprugne, prairie du bois d'Assise au Sapet ! (Pér. et Mig. *Excursion* p. 10) où il est commun.

J'ai trouvé un pied de cette espèce, au bord du Cher, entre Argenti et Prat ; je pense qu'il nous est venu de la haute Creuse. Cette plante existe peut-être sur les bords de la Tarde du côté de Chambon et d'Evaux.

Coriandrum sativum L., Bor. *Fl. centr.* édit. 3, p. 296. — Vignes à Montord près Saint-Pourçain (*Causse* in Bor. édit. 1, p. 213) où il est subspontané. Plante adventice, cultivée ou introduite.

Caprifoliacées.

Adoxa Moschatellina L., Pér. *Cat.* p. 98 et 232. — Culan, Saint-Priest, Préveranges, Sidiailles, bords de l'Arnon ! (*Saul* in Bor. édit. 1, p. 216). — Bords du Cher ! de la Sioule ! et de la Bouble !. AC.

Viburnum Lantana L., Pér. *Cat.* p. 99 et *Suppl.* p. 48. — Dans l'Est du département de l'Allier, Beaulon ! (*Avisard*). AC. — Gannat, bois entre Neuvialle et Rouzat !.

Rubiacées.

Rubia peregrina L., Pér. *Suppl.* p. 11. — Env. de Montluçon, bords du Cher au-dessous du Breuil !. — Calcaires de Saint-Amand !.

Asperula cynanchica L., Bor. *Fl. centr.* édit. 3, p. 309. Var. *longiflora*, *A. plicata* Pér. in *herb.* — Tiges grêles, couchées à la base, puis redressées, ascendantes, 4-7 décim., rameuses supérieurement, flexueuses, coudées aux verticilles, surtout au milieu de la tige. Tube de la corolle longuement saillant, égalant 2-3 fois le limbe, calice rugueux. — Env. de Gannat sur les micaschistes des bords de la Sioule entre Neuvialle et Rouzat !. Env. de Montluçon, rochers granitiques du Mont entre Lignerolles et la Garde !.

— **odorata** L., Bor. *Fl. centr.* édit. 3, p. 309, Pér. *Cat.* p. 100 et *Suppl.* p. 11. — Montluçon, Lavault-Sainte-Anne, dans le bois de Chauvière ! ; Bourbon-l'Archambault (*Boreau* édit. 1, p. 223). — Montmarault, forêt de Château-Charles ! — Urçay, forêt de Tronçais !.—Env. de Gannat, bois de Saint-Didier ! (*H. du Buysson*), env. de Saint-Pourçain, bois de Giverzat ! (*Berthoumieu*). — Moulins, forêt de Moladier ! (Migout *Fl.* p. 145). — Busset, Ferrières, Arronnes, Saint-Clément, le Mayet, Saint-Nicolas, Châtel-Montagne (*Saul* in Bor. édit. 1 et 2, p. 223), Laprugne, bois d'Assise ! (Pér. et Mig. *Excursion* p. 7).

— **arvensis** L., Bor. *Fl. centr.* édit. 3, p. 310. — Saint-Pourçain, Montord, Gannat ! (*Migout*), Chareil ! (*Chomont*), Charroux ! (*Baudonnet*), Bayet à Blanzat près de Douzon ! (*H. du Buysson*).

Crucianella angustifolia L., Pér. *Cat.* p. 223. — Moulins, à la gare d'eau ! Saint-Pourçain ! (*Causse* in Bor. *Fl. centr.* édit. 1, p. 224). — Gannat, à Sainte-Procule, Ebreuil, env. de Chantelle : Bayet ! (Lecoq et Lam. *Cat.* p. 206), Marcenat ! (*Migout*), Chazeuil sables de l'Allier ! (*H. du Buysson*). — Montluçon, alluvions du Cher ! Désertines !.

GENRE **GALIUM** L.

1re div. **Cruciata** Tourn. — Feuilles trinerviées.

G. cruciata Scop. — Haies, buissons. — CC.

2me div. **Eugalium** G. G. Feuilles uninerviées.

groupe a. *Verum*, fleurs jaunes ou jaunâtres.

G. verum L. — Prés, pelouses sèches, talus. — CC. — Var. *nanum* Lec. et Lam. *Cat.* p. 209, Lam. *Prodr.* p. 357. -- Jenzat, prairie de la fontaine minérale de Vauvernier !.

— **lutescens** Martr. Don. *Fl. du Tarn* p. 341. — Tige élevée presque simple, velue ; feuilles linéaires, étroites ; Fleurs d'un jaune pâle en grappes longues et fournies, disposées en panicule étroite assez compacte. Plante devenant grisâtre par la dessication. — Montluçon, clairières montueuses du bois de La Brosse !. — Juin-juillet.

— **eminens** G. G., *Fl. Fr.* t. 2, p. 19 ; Lam. *Prodr.* p. 357. — Gannat ; prairies de Sussat et de Veauce ! (*Billiet* in Migout *Addit.* p. 48).

Groupe b. *Silvestre*.

Fleurs blanches ou rosées. Lobes de la corolle non aristés. Feuilles à bords munis d'aiguillons.

G. silvestre Pollich. — Bois, coteaux, rochers. — C.

— **viridulum** Jord., Pér. *Cat.* p. 222. — Env. de Beaubignat, rochers du Bateau du Mas et de Saint-Marien !.

Sous-Groupe *Supinum*.

Feuilles élargies — Tiges couchées ou décombantes.

— **supinum** Lamk., Bor. *Fl. centr.* édit. 3, p. 303, Pér. *Cat.* p. 223. — Rochers, broussailles des bords du Cher ! — Peu C.

Mes spécimens ressemblent à ceux du Morvan, de Château-Chinon (Nièvre) dont Boreau m'a adressé un échantillon authentique.

— **saxatile** L., Pér. *Cat.* p. 99 et *Suppl.* p. 223. — Le Montet, Chavenon ! (Bor. *Fl. centr.* édit. 1, p, 219]. Montluçon, gorge de Thizon ! Marcillat !. — Echassières, au signal de Beauce ! — Laprugne, bois d'Assise !, Saint-Nicolas-des-Biefs, Ferrières (Migout *Addit.* p. 49). — Chambon (Lamotte *Prodr.* p. 367).

Groupe c. *Læve*.

Fleurs blanches. Lobes de la corolle non aristés. Feuilles lisses à bords dépourvus d'aiguillons.

G. læve Thuill., Pér. *Cat.* p. 223. — Bois, coteaux — Montluçon, Gannat, Saint-Pourçain, Saint-Amand !.

— **commutatum** Jord., Bor. *Fl. centr.* édit 3, p. 303. — Calcaires du Nord-Ouest. — Coteaux de Grandfond et des Chanets !. — Chavannes (*Boreau l. c.*).

Groupe d. *Sepium*.

Fleurs blanches ou blanchâtres. Tige généralement très élevée. — Lobes de la corolle aristés.

G. elatum Thuill., Pér. *Cat.* p. 99. — Bois, haies. — C.

— **dumetorum** Jord., Bor. *Fl. centr.* édit. 3, p. 303. — Haies, bois, buissons. — Montluçon, Gannat, etc.

— **album** Lamk., Pér. *Cat.* p. 99. — Bois, ravins, haies. — C.

— **erectum** Huds. — Lieux secs, buissons. — Env. de Saint-Pourçain à Montord (*Causse* in Bor. édit. 1 et 2, p. 253). — Gannat, bords de la Sioule !.

groupe e. *Aparinoides* Jord.

Inflorescence en panicule terminale. Tiges scabres ou munies d'aiguillons. Lieux marécageux.

G. elongatum Presl., Pér. *Cat.* p. 99. — Fossés, bords des eaux — C. Montluçon, bords du Cher et du canal ! Chouvigny près Estivareilles ! Audes ! Bizeneuille ! Quinssaines ! Le Montet ! Cérilly ! Gannat, bords de la Sioule !, etc.

— **palustre** L., Pér. *Cat.* p. 99. — Moulins, Pré de la Cave !. — Montluçon, Cérilly, etc. — AC.

— **uliginosum** L., Pér. *Cat.* p. 100. — Lieux tourbeux. — AC.

On rencontrera peut-être aussi le *G. constrictum* Chaub.

groupe f. *Aparine* Gren. Godr.

Inflorescence axillaire. Racine annuelle. — Tige munie d'aiguillons, réfléchis, accrochants.

G. tenuicaule Jord. — Pelouses sèches. — Juin-Août. — Moulins (Bor. *Fl. centr.* édit. 3, p. 307).

— **anglicum** Huds., Pér. *Cat.* p. 223. — Moulins, îles de l'Allier !, Saint-Pourçain, à Montord ! (*Rodde*), Ebreuil (Boreau *Fl. centr.* édit. 1, p. 221). — Bellenaves (Lecoq et Lam. *Cat.* p. 207). — Env. de Vicq, Sussat (Lam. *Prodr.* p. 368). — Montluçon, alluvions du Cher ! ; coteaux calcaires de Grandfond !.

— **aparine** L., Pér. *Cat.* p. 100. — Champs, haies. — Juin-Sept. — CC.

— **spurium** L., Bor. *Fl. centr.* édit. 3, p. 308. — Haies, lieux arides. — Moulins, Izeure (Migout *Fl.* p. 144). — Peu C.

— **tricorne** With., Bor. *Fl. centr.* p. 308. — Moissons des terrains calcaires. — AC. — Neuvy, Besson, Monétay-sur-Allier, Ussel, Gannat ! (Migout *Addit*, p. 49). — Env. de Saint-Amand !.

Valérianées.

Valeriana dioica L., Per. *Cat.* p. 100. — Montluçon, tourbières de Bisseret ! Le Cluzeau d'Audes ! — Lurcy-Lévy ! — Laprugne, bois d'Assise au Sapet !. — Bords de la Bouble, de la Besbre et de la Sioule !.

Centranthus latifolius Dufresne, Bor. *Fl. centr.* édit. 3, p. 312. — Subspontané sur les vieilles murailles. — Montluçon, très commun sur les anciens remparts du Château au fossé La Cave !, Saint-Amand ! (*Boreau l. c.*), Château de Veauce (*Lamotte*). — Varie à fleurs rouges, roses ou blanches.

Dipsacées.

Dipsacus pilosus L., Pér. *Cat.* p. 101. — Saint-Amand (Boreau *Fl. centr.* édit. 1, p. 229). — Env. de Gannat, Neuvialle !, Cusset (Lecoq et Lam. *Cat.* p. 214). — Env. de Saint-Pourçain, Bayet ! (*Berthoumieu*), Broût-Vernet, Saint-Germain-de-Salles !. — Bords de la Sioule ! AC. — Montluçon, bords du Cher ! AR.

Knautia arvensis Coult., Pér. *Cat.* p. 101. — Calcaire et Alluvions. — C.

Var. a *monocephala* Pér. *l. c.* — Coteaux calcaires de Grandfond et des Chanets !.

— b. *integrifolia* Pér. *l. c.* non Bor. *Fl. centr.* édit. 1, et 2 p. 262). — Champs calcaires entre Etroussat, Fourilles et Ussel ! — Parmi les spécimens recueillis dans cette dernière station, l'un d'eux montre les bractées florales transformées en feuilles plus ou moins allongées.

— **silvatica** Duby *Bot. gall.* 1, p. 257 pro parte. — *Scabiosa silvatica* Host, *Fl. Aust.* 1, p. 191 ; an L. ?. — Env. de Gannat, bors de la Sioule : Neuvialle (*Migout*) Vauvernier et Jenzat ! ; Bayet ! (*Berthoumieu*).

— **dipsacifolia** Lam. *Prodr.* p. 379, *K. cuspidata* Bor. *Fl. centr.* édit. 3, p. 316 non Jord. — *Scabiosa dipsacifolia* Host *Austr.* 1, p. 191. — Caule stricto, corollulis quadrifidis radiantibus, foliis radicalibus et caulinis inferioribus oblongis *integris vel laciniatis,* anthodii foliolis membranaceis, exterioribus ovatis. Host *l. c.* — Mayet-de-Montagne, Saint-Nicolas-des-Biefs (*Saul* in Bor. *Fl. centr.* édit. 1, p. 230, édit. 3, p. 316), Laprugne, bords de la Besbre ! (Pér. et Mig. *Excursion* p. 13).

Cette espèce, d'après Host *l. c.*, diffère de la précédente par sa tige plus raide, moins velue, par ses feuilles plus fermes, presque glabres et ciliées seulement au bord et sur la nervure médiane, tandis que son *K. silvatica* a la tige et les feuilles hispides. De plus les feuilles caulinaires du *K. dipsacifolia* sont moins atténuées et plus embrassantes que celles du *K. silvatica*, et se terminent par une pointe plus allongée et non cuspidée. Les folioles extérieures de l'involucre sont plus élargies à la base, ciliées, parfois membraneuses. Le caractère des feuilles entières ou plus ou moins lobées est très variable dans les deux espèces, et ne peut servir aucunement à les distinguer. Sur les bords de la Sioule le *K. silvatica*, au mois de Mai, a souvent les feuilles radicales et caulinaires pennatifides ; les formes d'automne et des lieux ombragés possèdent au contraire des feuilles allongées et presque entières. Le *K. dipsacifolia*, ainsi que l'a fait remarquer Host lui même, montre des feuilles inférieures tantôt crénelées ou dentées, tantôt laciniées. Quoi qu'il en soit cette dernière espèce présente un facies différent, c'est une forme de la région montagneuse du Forez que Boreau a confondue avec le *K. cuspidata* Jord. de la grande Chartreuse, ainsi que l'a établi Lamotte dans son Prodrome. Le caractère de la longueur des dents sétacées du calice est variable ; pour Lamotte ces dernières égalent la moitié du fruit, tandis que Boreau reconnait le *K. dipsacifolia* surtout aux dents du calice presque aussi longues que le fruit (Bor. *Fl. centr.* édit. 3, p. 316, observ.). Pour trancher la question, j'ajouterai que Host ne parle nullement de ce caractère dans sa description, il dit seulement : « *calyx superior aristis coronatus et ut inferior setis textus* ».

Le *K. longifolia* Koch, *Scabiosa longifolia* W. et K. est très distinct par ses feuilles glabres, entières et toutes étroitement lancéolées ou sublinéaires, ainsi que Grenier l'a parfaitement décrit dans sa Flore jurassique p. 384. Cette plante d'Auvergne paraît appartenir à une région plus élevée que la nôtre ainsi que le *K. cuspidata* Jord.

— **permixta** Jord., Pér. *Cat.* p. 101. — Coteaux secs calcaires ou granitiques. — Montluçon, plateau de l'Abbaye !, Grandfond, les Chanets, Urçay, l'Etelon !. — Moulins, Izeure ! — Gannat au Montlibre !. — Env. de Saint-Pourçain, Branssat, Etroussat ! etc. — Bords du Cher ! bords de la Sioule ! — C.

— **patens** Jord., Pér. *Cat.* p. 101. — Rochers granitiques — Montluçon ! — C. — Env. de Gannat, bords de la Sioule : Rouzat, Neuvialle, La Vernue, Vauvernier et Jenzat !.

Var. *flore albo.* — R. — Montluçon, vallée du Lamaron !.

Composées.

TRIBU 1. CORYMBIFÈRES.

Petasites pratensis Jord., Lam. *Prodr.* p. 386. — *P. vulgaris* Desf., Bor. édit. 1, p. 233 et édit. 2, p. 265, Pér. *Cat.* p. 102. Env. de Chavenon près des domaines de la Fay et de Longlaigue (*Causse* et *Rodde*) in Bor. *l. c.*). — Env. de Chantelle : bords du Boublon près Blanzat et Fourilles ! (*Lamotte*). — Env. de Gannat, marais de Poëzat ! (*Gouttefarge*).

Ayant reçu le 15 avril 1883 de M. H. du Buysson un certain nombre de spécimens vivants de cette espèce, provenant des bords du Boublon près de Fourilles, j'ai pu faire une étude sérieuse de notre plante du Bourbonnais. J'ai rencontré des calathides polygames composées de fleurons unisexués (mâles ou femelles), et de fleurons hermaphrodites. Les fleurons unisexués femelles sont à la périphérie de la fleur et très nombreux. Ils sont représentés par des corolles blanchâtres, à gorge étroite, munies de 5 lobes très inégaux, le plus souvent à 2 divisions inégales, l'une allongée tridentée ou inégalement trilobée, l'autre plus courte, profondément bifide ou bilobée à 2 lobes presque égaux. Le style est grêle, blanchâtre, dépassant beaucoup la corolle et terminé par un stigmate bilobé. Les fleurons hermaphrodites peu nombreux sont situés au centre avec les fleurons mâles. Les hermaphrodites généralement 1-5 au centre ont une corolle évasée, à 5 divisions allongées presque égales, blanchâtres ou légèrement lavées de rose ou de violacé, à 5 étamines fertiles. Style égalant les fleurons ou plus court, assez gros et terminé par un stigmate un peu renflé à 2 lobes courts et épais. Les fleurons unisexués mâles plus rares ont des corolles à peu près identiques à celles des fleurons hermaphrodites et n'en diffèrent que par l'absence du style.

Notre plante doit être rapportée au *Petasites pratensis* du Prodrome de Lamotte par son thyrse ovale-cylindrique formé de pédoncules courts à 1-2 calathides au plus. Par ses calathides inodores elle se rapprocherait du *P. riparia* Jord., Bor. *Fl. centr.* édit. 3, p. 321 ; mais, ce caractère fugace étant négligé, elle en diffère par son inflorescence, puisque le *P. riparia* possède des pédoncules plus longs, à 2-5 calathides, et des bractées plus courtes et plus nombreuses dans le haut de la tige.

Aster Amellus L. Bor., *Fl. centr.* édit. 3, p. 322. — Verneuil (*Servant*), Vanteuil près de Saint-Pourçain (*Causse* et *Rodde* in Bor. édit 1, p. 234) ; Env. de Chantelle : Fourilles ! Chareil ! (*Berthoumieu*). — Gannat, au Montlibre et aux Chapelles (Lecoq et Lam. *Cat.* p. 218).

Linosyris vulgaris Cass., Bor. *Fl. centr.* édit. 3, p. 325. — Env. de Saint-Pourçain : Vanteuil (*Causse* in Bor. édit. 1, p. 233), entre Verneuil et la Racherie, Bayet, bois de Douzon ! (*Rodde* in Lec. et Lam. *Cat.* p. 217). R.

Micropus erectus L., Bor., *Fl. centr.* édit. 3, p. 325, Pér. *Cat.* p. 104 et *Suppl.* p. 11. — Calcaires du Nord-Ouest, Chavannes, Ainay-le-Château ! Grandfond et les Chanets ! AC. — Saint-Pourçain (*Causse* in Bor. édit. 1, p. 241). Env. de Saint-Pourçain : Chareil, Fourilles ! (*Rodde*), coteaux près de Gannat (Lecoq, et Lam. *Cat.* p. 219).

Inula Helenium L., Bor. *Fl. centr.* édit. 3, p. 326. — Env. de Gannat : Naves, Poëzat (Lec. et Lam. *Cat.* p. 219). Env. de Vicq et d'Ebreuil (*Lamotte*). — Créchy (*Migout*). — Env. de Saint-Pourçain : Chareil, Bayet au bord de la Sioule ! (*Berthoumieu*). — Contigny (*Lailloux*).

— **britannica** L., Bor. *Fl. centr.* édit. 3, p. 326. — Moulins, bords de l'Allier ! (*Migout*). — Marais de Poëzat près Gannat (*Lamotte Prodr.* p. 416) transformés aujourd'hui en culture. — R.

— **salicina** L., Pér. *Cat.* p. 102. — Montluçon ! — Env. de Saint-Pourçain : Montord, Chatenay, env. de Chantelle : Bayet, bois de Douzon ! (*Causse* in Bor. *Fl. centr.* édit. 1, p. 239). — Bègues près Gannat ! (*Billiet* in Migout *Addit.* p. 52) ; les Gazeriers près Ebreuil (Lamotte *Prodr.* p. 415). — Besson, route de Boisplan ! (*Moriot*).

L'indication Chezelle près Bellenaves (*Berthoumieu*) citée par Lamotte dans son *Prodrome* p. 415 d'après Migout (*Addit.* p. 52) est inexacte.

— **montana** L., Pér. *Suppl.* p. 11. — Urçay, grès calcarifères de la Sapinière ! — R. — Cher : Chapelle-Saint-Ursin ! sur nos limites.

Anthemis collina Jord. — *Anthemis montana* L., Bor. *Fl. centr.* édit. 3, p. 331, Lec. et Lam. *Cat.* p. 227. — Env. de Gannat ; bords de la Sioule à Rouzat, Neuvialle, Mazeriers, entre la Vernue et Jenzat ! (*Lecoq et Lamotte*, 1848).

Ormenis mixta DC., Pér. *Cat.* p. 103. — Sancoins ; Château-sur-Allier (Boreau *Fl. centr.* édit. 1, p. 246) ; Moulins, Izeure ! (*Migout*) ; Montluçon !.

Matricaria Chamomilla L., Bor. *Fl. centr.* édit. 3, p. 333. — Moulins. Env. de Saint-Pourçain : Souitte, Fourilles ! etc. (*Causse* in Bor. *Fl. centr.* édit. 1, p. 277). — Besson ! (*Moriot*).

Pyrethrum corymbosum Willd., Bor. *Fl. centr.* édit. 3, p. 334. — Env. de Saint-Amand : Chavannes, Saint-Germain-des-Bois (*Saul* in Bor. édit. 1, p. 248). — Env. de Gannat, bois de Neuvialle (Lecoq et Lam. *Cat.* p. 228). — Env. de Saint-Pourçain : Chareil ! (*Migout* in Lam. *Prodr.* p. 406), forêt de Giverzat ! (*Berthoumieu*).

— **Parthenium** Sm., Pér. *Cat.* p. 104. — Subspontané dans les décombres, le long des vieux murs et sur les ruines des anciens châteaux. — Ferrières, Laprugne, env. des ruines du château de Saint-Vincent ! (Pér. et Mig. *Excursion* p. 18). — Château de Bourbon-l'Archambault (*Migout*). — Boussac (Creuse) sur les talus autour du château ! AC. — Le Theil (*Chomont*).

Artemisia Absinthium L. Pér. *Cat.* p. 104. — Subspontané dans le voisinage des vieux châteaux et des anciens remparts, décombres. — Château de Culan ! (*Saul* in Bor. *Fl. centr.* édit. 1, p. 244). — Chantelle, Naves (Lec. et Lam. *Cat.* p. 224) ; château de Veauce (Migout *Fl.* p. 166). — Château de Boussac ! (Creuse). C.

— **campestris** L., Bor. *Fl. centr.* édit. 3, p. 335. — Env. de Gannat : bords de la Sioule, Rouzat, sur le micaschiste ! ; Neuvialle, Jenzat ! (*Migout Addit.* p. 55). — Env. de Saint-Pourçain : coteaux calcaires de Verneuil, Chareil, Etroussat et Fourilles !.— Calcaires du nord-ouest. AC.

Tanacetum vulgare L., Pér. *Cat.* p. 104. — Cusset, bords des vignes, (Dr Giraudet *topogr.* p. 58) ; Vichy, aux Célestins (*Boreau*, édit. 1, p. 245). — Montluçon, vignes de Domérat !.

Gnaphalium dioicum L., Pér. *Cat.* p. 106. — Env. de Saint-Amand : plaine de Genetais entre Sancoins et Lurcy (Bor. *Fl. centr.* édit. 2, p. 282). — Neuilly-le-Réal ! (*L. Allard*) ; Chemilly, entre Gioreuil et les Parizes (*E. Olivier*) ; Ferrières et Laprugne (*Lager* in Migout *Addit.* p. 55). — Chambon (*Pailloux* in Bor. *l. c.*), coteaux entre Chambon et la Valette ! (Mme *Duché*).

Filago lutescens Jord., Pér. *Cat.* p. 107. — Moulins, Izeure ! — Montluçon, alluvions du Cher ! — Hérisson, bords de l'Aumance ! — Montmarault, Blomard au bord de la Sarre !.— Monétay-sur-Allier (*Migout*). — Le Theil (*Chomont*).

Doronicum Pardalianches L., Pér. *Cat.* p. 247. — Rive gauche du Cher, au moulin Rameau, au-dessus de Chambouchard, à l'embouchure du Boron (*De Lambertye* in Bor. *Fl. centr.* édit. 1, p. 249). — Env. de Moulins, Izeure au bois des Combes ! (*L. Allard*, *Chomont*). — Env. de Gannat, entre la Vernue et Jenzat ! (*Boreau* édit. 3, p. 342) ; bois de Broût-Vernet ! (*Berthoumieu*).

— **austriacum** Jacq., Bor. *Fl. centr.* édit. 1, p. 250). — Bords du Cher à Chambouchard (*De Lambertye* in Bor. *l. c.*). — Saint-Nicolas-des-

Biefs, bois d'Assise ! (*Saul* in Bor. *l. c.*), Ferrières, au Montoncelle ! (*L. Allard* in Migout *Addit.* p. 53). — Env. de Chantelle : bords de la Bouble à Chirat-l'église ! (*Berthoumieu*).

Arnica montana L., Pér. *Cat.* p. 223. — Laprugne, prairies en allant au Saint-Vincent ! (*Bletterie*) ; bois d'Assise au Sapet ! (Pér. et Mig. *Excursion* p. 12). — Marcillat, bois des Champeaux !.

Cineraria spatulæfolia Gmel., *Fl. bad.* t. 3, p. 454. — Env. de Moulins : forêt de Moladier ! (*Blain*), forêt d'Etelin (*Denoue*) in Bor. *Fl. centr.* édit. 1, p. 251 et édit. 2, p. 286). — Env. de Saint-Amand : la Guerche, pâturage de Bouquemont (*Saul* in Bor. *l. c.*). — Izeure, bois des Combes ! (*L. Allard, Chomont*). — Env. de Gannat, de Rouzat à Neuvialle (*Billiet* in Migout *Addit.* p. 53) ; bois de Saint-Didier ! (*Berthoumieu*), bois du Vernet ! (*H. du Buysson*). AC.

Senecio adonidifolius Lois., Pér, *Cat.* p. 107. — Montluçon, bois de Douguistre !, bords du Cher rive droite, route de Gironne à Gouttière !. C; rive gauche, ravin du Mont entre la Garde et Lignerolles !. — Hérisson, bords de l'Aumance !. — Cérilly, forêt de Tronçais, route de Morat et de Saint-Bonnet-le-Désert !. — Env. de Gannat : bords de la Sioule, la Vernue ! Jenzat !. — Chambon, bords de la Tarde ! — Culan, Sidiailles, Viplaix, bords de l'Arnon !. — Paray-le-Fraisy, Moulins, bords de l'Allier (*Boreau* édit. 1 et 2, p. 287). — Région des montagnes !, Arronnes, Laprugne, Ferrières, Busset (*Migout*).

— **erucifolius** L., Pér. *Cat.* p. 107. — Montluçon, bois de la Brosse ! vallée du Lamaron ! Vallon-en-Sully ! Bords du Cher an-dessous du Breuil près de Lignerolles ! — Env. de Gannat, bords de l'Andelot, bords de la Sioule, entre Neuvialle et la Vernue !, entre Vauvernier et Jenzat ! ; Broût-Vernet ! Bayet ! . — Bords de la route entre Bichepot et Charroux, Senat (Lamotte *Prodr.* p. 395). — Moulins à Seganges !. — Besson ! (*Moriot*).

La forme des env. de Saint-Pourçain : Montord, Louchy, etc., signalée par Boreau, se rapproche du *S. brachyatus* Jord.

— **aquaticus** Huds., Pér. *Cat.* p. 223. — Env. de Montluçon, prairies du domaine de Chaput près Passat !; Perreguines au bord du canal ! ; peu C. — Trevol ! Loriges ! (*Migout*), bois des env. du Vernet ! (*H. du Buysson*).

— **erraticus** Bert., Pér. *Cat.* p. 107. — Env. de Cosne, bois de Dreuille (*Causse* in Bor. *Fl. centr.* édit. 1, p. 254). — La Palisse (*Boreau l. c.*). — Env. de Cérilly, forêts de Tronçais et de Civray ! — Env. de Moulins, forêt de Moladier ! (*Migout*). — Env. de Gannat, Broût-Vernet, Gour-l'Annet ! (*H. du Buysson*).

— **Fuchsii** Gmel, *Fl. bad.* t. 3, p. 444, Pér. *Cat.* p. 107. — Paray-le-Fraisy (*Jaubert*) ; Chavenon, bords de l'Aumance (*Causse*) ; bois de Chouvigny près Estivareilles ! (*De Lambertye*), in Bor. *Fl. centr.* édit. 1, p. 254. — Env. du Montet, bois de Deux-Chaises ! (*Berthoumieu*). — Beaulon ! (*Avisard*). — Forêt de Moladier, Bellenaves, Echassières ! (*Migout Addit.* p. 54). — Molle, Cusset à l'Ardoisière ! (*Saul* in Bor.

l. c.). — Le Theil, bois du Mas (*Chomont*). — Marcenat, bois de Saint-Didier ! (*H. Du Buysson*). — Région des montagnes : Lapalisse, Châtel-de-Montagne, le Mayet, Arronnes, Ferrières (*Saul* in Bor. *l. c.*), Laprugne, bois d'Assise au Sapet ! (Pér. et Mig. *Excursion* p. 12).

— **cacaliaster** Lamk, Bor. *Fl. centr.* édit. 3, p. 346. — Chaîne du Forez (Lec. et Lam. *Cat.* p. 231), au Montoncelle ! (Pér. et Mig. *Excursion* p. 16).

Calendula arvensis L., Pér. *Cat.* p. 107. — Montluçon, vignes du Thet et de Lignerolles !, Hérisson !. — Bellenaves, Ebreuil, Gannat aux Chapelles ! — Châtel-de-Neuvre. — Env. de Saint-Pourçain ! : Verneuil, Branssat !, (Boreau *Fl. centr.* édit. 1, p. 255). — Env. de Chantelle : vignes d'Etroussat ! Le Vernet !. — Avermes près Moulins, Chouvigny, Bresnay, Besson ! (Migout *Addit.* p. 54).

TRIBU 2. CYNAROCÉPHALES.

Xeranthemum cylindraceum Sm., Bor. *Fl. centr.* édit. 3, p. 348 — Saint-Pierre-le-Moustier près le Moulin !.; Puy-de-Breu près Saint-Pourçain ! (*Causse*) ; env. de Saint-Amand : Uzay dans le bois de Fleuret, Contres (*Saul*) in Bor. édit. 1, p. 267. — Gannat, au Montlibre (Lec. et Lam. *Cat.* p. 242). — Grandfond près Meaulne ! AC.

GENRE Centaurea L.

Section 1. *Jacea* Cass.

Fleurs rouges ou blanches. Folioles supérieures de l'involucre laciniées irrégulièrement.

C. Jacea L., Pér. *Cat.* p. 108. — Prairies. — Mai-sept. — C.

— **Duboisii** Bor., Pér. *Cat.* p. 108. — Coteaux calcaires secs. — Août-oct. — AC. — Montluçon ! Désertines ! Huriel ! — Lurcy-Lévy, Le Veurdre ! Dompierre-sur-Besbre ! Gannat, Jenzat !.

Var. *incana* Bor. in herb. ! — Feuilles toutes velues-blanchâtres. — Grandfond et les Chanets ! Saint-Amand !.

— **praticola** Pér. in herb. — Prairies, bords des eaux. — Peu C. — Gannat, bords de la Sioule !. — Bords du Cher !. — Laprugne, prairies du bois d'Assise !.

Cette forme diffère du *C. Duboisii,* dont elle est voisine, par ses achaines aigrettés, blancs, sans nervures ; par les folioles de l'involucre lancéolées, par ses involucres plus gros, ovales, semblables à ceux du *C. pratensis* Thuil. — Feuilles radicales allongées, obtuses au sommet, rétrécies en un long pétiole linéaire ; les caulinaires lancéolées-linéaires, acuminées, mucronées.

— **amara** L., Lam. *Prodr.* p. 432. — Calcaire. — Juillet-sept. — AR. Env. de Gannat, coteaux calcaires !, sur la limite de la Limagne.

Je n'ai pas rencontré la var. b. *angustifolia* Lam. qui croît dans l'Ardèche et les Vosges.

Section 2. *Nemorosa* Pér.

Fleurs rouges ou blanches. Folioles de l'involucre ciliées régulièrement en dents de peigne. Feuilles entières ou pennatifides à lobes élargis.

C. serotina Bor., Pér. *Cat.* p. 108 — Lisière des bois, bords des chemins. — AC. — Moulins ! Montluçon ! Chavenon ! Gannat ! Etroussat ! Dompierre-sur-Besbre ! etc.

— **decipiens** Thuil. — Lieux incultes et secs. — Août-sept. — R. — Blanzat près Chantelle-le Château, les Gazeriers près Vicq (Lamotte *Prodr.* p. 435).

— **microptilon** Godr.. Bor. *Fl. centr.* édit. 3, p. 351. — Montluçon, bois de la Brosse ! — Jenzat, bords de la Sioule !. — Domaine du Bois près de la Bassière ! (*Déséglise*).

— **pratensis** Thuil., Pér. *Cat.* p. 108. — *C. nigrescens* Migout *Fl.* et *Addit.* !. — Prés et bois. — AC. — Montluçon, Bizeneuille, Cérilly, etc. — Besson, forêt de Moladier !, env. de Saint-Pourçain, Branssat ! (*Moriot*). — Bourbon-l'Archambault, Souvigny (Migout *Addit.* p. 56).

Var. *autumnalis* Bor. in herb !. — Feuilles velues-blanchâtres ou grisâtres. — AC.

— **consimilis** Bor. *Fl. centr.* édit. 3, p. 351. — Prairies. — Juin-sept. — Peu C. — Env. de Vicq : bords de la Veauce à la Roubière, les Buvats, les Gazeriers ! ; prairies entre Chantelle-la-Vieille et Montmarault (*Lamotte* in *Prodr.* p. 434), Blomard dans la forêt de Château-Charles !.

— **nemoralis** Jord., Pér. *Cat.* p. 108. — *C. nigra* Bor. *Fl. centr.* édit. 3, p. 352. — Bois, coteaux boisés — juill-sept. — AC. — Montluçon à la Vernoille, bois de la Brosse et de Douguistre, bois des Modières, vallée du Lamaron ! ; Bizeneuille, forêt de l'Espinasse et bois de la Suave ! Hérisson, bords de l'Aumance ! Env. du Montet : Deux-Chaises, Rocles, Saint-Sornin ! — Sancoins (*Boreau l. c.*). — Env. de Gannat, bois du Vernet !. — Bresnay, Besson, forêt de Meladier !, Mayet-de-Montagne, Ferrières, Laprugne (Migout *Addit.* p. 56).

Var. *flore albo.* — Fleurs blanches, folioles de l'involucre pâles. Besson à Boisplan (*Migout l. c.*).

Section 3. *Cyanus* Desp.

Fleurs bleues on d'un bleu-violet — Feuilles entières.

C. Cyanus L., Pér. *Cat.* p. 108. — Moissons. — Mai-juill. — C. — Varie à fleurs blanches ou rosées.

— **Lugdunensis** Jord., Bor. *Fl. centr.* édit. 3, p. 354. — Env. de Saint-Amand : Uzay, bois de Fleuret ; Chavannes, bois de Boyre (*Saul* in Bor. édit, 1, p. 265 et *l. c.*).

— **montana** L., Bor, *Fl. centr.* édit. 3, p. 354. — Chaîne du Forez (Lec. et Lam. *Cat.* p. 437), sur nos limites. — Espèce souvent cultivée dans les jardins.

Section 4. *Acrolophus* Cass. *part.*

Toutes les feuilles pennatipartites, à lobes étroits.

C. Scabiosa L., Pér. *Cat.* p. 108. — Coteaux calcaires, champs, prairies, bords des chemins. — Juin-août. — C. — Moulins ! Montluçon ! Gannat ! Lapalisse ! Saint-Amand ! etc.

Var. flore albo. — Fleurs blanches — R. — Bresnay (*L. Allard*).

— **maculosa** Lamk, Bor. *Fl. centr.* p. 354. — Billot *Exsicc.* n° 3631. — Moulins, îles de l'Allier ! Châtel-de-Neuvre ! Chazeuil ! Vichy ! (*Saul* in Bor. édit. 1, p. 265). — Gannat, au Montlibre (Lec. et Lam. *Cat.* p. 240). — Monétay-sur-Allier, Varennes-sur-Allier, Bessay, Laferté Hauterive (Migout *Addit.* p. 57), Saint-Germain-des-fossés (*Lamotte*).

Var. *elatior.* Tige de 4-8 décim. anguleuse, cotonneuse, à rameaux dressés. Feuilles blanchâtres cotonneuses, lancéolées-linéaires, élargies, même les supérieures. — Lapalisse, près la gare de Saint-Prix !.

Section 5. *Calcitrapa* Koch.

Folioles de l'involucre épineuses.

C. Calcitrapa L., Pér. *Cat.* p. 108. — Lieux incultes, bords des chemins. — C.

Var. *flore albo.* Fleurs blanches. — AR. — Calcaires entre Etroussat et Fourilles !.

— **solstitialis** L., Bor. *Fl. centr.* édit. 3, p. 356. — Ça et là dans les prairies artificielles où elle a été introduite accidentellement. — Langeron, Chantenai, Moulins, Gannat, Varennes, Saint-Pourçain, Lapalisse, Coulanges, etc.

Plante adventice, bisannuelle, qui se propage facilement dans beaucoup de localités d'où elle disparait souvent au bout de quelques années.

Centrophyllum lanatum Duby, Pér. *Cat.* p. 108 et *Suppl.* p. 12. — Saint-Pierre-le-Moustier ! (*Montalesco*) ; Moulins ; env. de Saint-Pourçain, Verneuil, Vanteuil ! (*Chomont*), Montord (Bor. *Fl. centr.* édit. 1, p. 263). — Env. de Gannat : Mazerier, Saulzet ! Biozat ! Charroux ! (*Baudonnet*), Escurolles, Contigny, Château-sur-Allier, Besson (Migout *Addit.* p. 57).

Carduncellus mitissimus DC., Pér. *Suppl.* p. 12. — Calcaires du Nord-Ouest. — Grandfond et les Chanets, coteaux le long du chemins de fer !. — Env. de Saint-Amand, Orval ! Saint-Loup, Uzay, Chavannes, La Guerche (Bor. *Fl. centr.* édit. 1, p. 262).

Carduus crispus L., Bor. *Fl. centr.* édit. 3, p. 358. — Meauce, bords de l'Allier ! ; Gannat, Ebreuil, Chaptuzat, Vichy (Bor. édit. 1, p. 260). Env. de Gannat, bords de la Sioule, entre la Vernue et Jenzat ! varie à fleurs blanches !. — Env. de Saint-Bonnet de-Rochefort, Vicq, Sussat, Naves (Lamotte *Prodr.* p. 429).

— **acanthoides** L., Bor. *Fl. centr.* édit. 3, p. 359. — **C. crispo-nutans** Gren. (Lam. *Prodr.* p. 430). — Env. de Saint-Bonnet-de-Rochefort, route de Vicq, les Buvats (*Lamotte l. c.*). Gannat au Montlibre !.

Cirsium bulbosum DC. Bor. *Fl. centr.* édit. 3, p. 361. — Env. de Saint-Amand : Chavannes, Saint-Loup, Saulzais (Bor. édit. 1, p. 258). Prairies de la Chapelle-Saint-Ursin ! sur nos limites.

TRIBU 3. **CHICORACÉES.**

Leontodon Hastile L., Bor. *Fl. centr.* édit 3, p. 368. — Gannat (*Billiet* in Mig. *Addit.* p. 59), sur les rochers de la Sioule, entre Neuvialle et Rouzat !. — Varie à feuilles plus ou moins pennatifides.

— **pyrenaicus** Gouan, Bor. *Fl. centr.* édit. 3, p. 368. — Chaîne du Forez (Lec. et Lam. *Cat.* p. 244) ; Laprugne, bois d'Assise !, sommet du Montoncelle ! (Pér. et Mig. *Excursion* p. 12 et 16).

Hypochæris maculata L , Pér. *Cat.* p. 224. — Env. de Saint-Amand : Chavannes, Saint-Loup (Bor. *Fl. centr.* édit. 1, p. 274). — Env. de Montluçon, bois d'Audes ! R. — Env. de Gannat, bois de Chiroux (*Billiet* in Migout *Addit.* p. 59). — Env. de Saint-Pourçain : bois de Saint-Didier (*Bourgougnon*) ; bois de Broût-Vernet ! (*Berthoumieu*). Cette plante a été indiquée par erreur au Cluzeau près Montluçon (Migout *Fl. de l'Allier* p. 185).

Podospermum laciniatum DC., Pér. *Cat.* p. 110 et 233. — Calcaire. — Env. de Saint-Amand : Chavannes, Saint-Loup (Bor. *Fl. centr.* édit. 2, p. 308). — La Limagne : carrière de Chaptuzat (*Saul* in Bor. édit. 1, p. 273). Env. de Chantelle : Ussel, Chareil, Chassignet ! (*Bourgougnon, H. Du Buysson*).

Tragopogon major Jacq., Bor. *Fl. centr.* édit. 3, p. 369. — Saint-Amand ! (Bor. *l. c.*). — Coteaux près Gannat, Saint-Priest-d'Andelot (Lec. et Lam. *Cat.* p. 246) ; entre Neuvialle et Rouzat !, Rochefort près Ebreuil (*Lamotte Prodr.* p. 459) ; Jenzat et Fourilles (*Berthoumieu*).

Le *T. porrifolius* L. (in Migout *Addit.* p. 60) est une plante échappée des cultures.

Helminthia echioides Gærtn., Bor. *Fl. centr.* édit. 3, p. 372. — Château-sur-Allier, Bresnay, Neuvy, Montaigut-le-Blin (Migout *Addit.* p. 60) ; route du parc de Veauce (Lamotte *Prodr.* p. 454). — Env. de Saint-Pourçain : Loriges ! (*Berthoumieu*).

Lactuca perennis L., Pér. *Cat.* p. 110 et *Suppl.* p. 12. — Saint-Amand, calcaires infraliasiques !. — Env. de Moulins : Neuvy (Migout *Fl.*). — Champs entre Gannat et Poëzat (Lec. et Lam. *Cat.* p. 251), route de Mazeriers, les Sabouroux près Vicq (Lamotte *Prodr.* p. 468). — Env. de Saint-Pourçain, Montord ! (*Berthoumieu*), Chareil-Cintrat (*Bourgougnon*).

— **muralis** Fresen, Pér. *Cat.* p. 111. — Env. de Gannat, bords de la Sioule, entre la Vernue et Jenzat !. — Env. de Chantelle : bois de Saint-Didier ! (*Berthoumieu*). — Besson, forêt de Moladier (*Moriot*).

Prenanthes purpurea L., Pér. *Cat.* p. 247.— Bellenaves, forêt de Bertrange (*A. de Saint-Hilaire* in Bor. *Fl. centr.* édit. 1, p. 275). — Forêt des Colettes ! bois de Veauce, de la Lizolle (*E. Nohy* in Migout *Addit.* p. 58).

— Région des montagnes du Sud-Est : Ferrières, Saint-Nicolas-des-Biefs (*Blatterie*), Laprugne, bois d'Assise au Sapet ! au Montoncelle ! (Pér. et Mig. *Excursion* p. 16).

Taraxacum salsugineum Lam. in *Bull Soc. bot. Fr.* t. 21, p. 123 ; *Prodr.* p. 463. — Env. de Jenzat, prairie de la fontaine minérale de Vauvernier !.

Cette espèce est caractérisée à priori par ses calathides petites et étroites, par son involucre à folioles teintées d'un rouge livide, dressées-appliquées, à la fin un peu étalées, par ses achaines muriqués seulement au sommet, d'un gris pâle, de 4 millim. environ de longueur, enfin par sa floraison tardive, en août. Les échantillons, recueillis dans la station indiquée plus haut, sont plus robustes que ceux des marais de Cœur (Puy-de-Dôme), récoltés par Lamotte, et que je possède en herbier. Les feuilles sont aussi un peu plus découpées ; j'attribue ces légères différences aux influences atmosphériques humides de l'année. J'ai comparé également notre plante à des spécimens, de ma collection, du *T. leptocephalum* Rchb. *Fl. excurs.* p. 270, provenant des marais salés de Kalocsa (Hongrie) et publiés en 1875 par le Dr Bœnitz *exsicc.* n° 2641. La plante d'Autriche a les feuilles plus lancéolées-linéaires, à lobes découpés presque jusqu'à la côte médiane, tandis que les spécimens authentiques de Lamotte, des marais de Cœur, possèdent des feuilles oblongues élargies à la partie supérieure et rétrécies en pétiole, à lobes étalés, peu profonds ; parfois elles sont légèrement dentées et presque entières. La petite taille des spécimens de ces marais doit être attribuée aux effets des actions atmosphériques, probablement sèches, de l'année de la récolte. A Vauvernier, les feuilles se rapprochent beaucoup plus de celles de l'espèce de Lamotte que de celles de la plante des marais salés de Hongrie, aussi j'ai conservé le nom de *T. salsugineum* qui lui convient le mieux sous tous les rapports.

— **rubrinerve** Jord., Bor. *Fl. centr.* édit. 3, p. 375. — Env. de Jenzat, prairie de la fontaine minérale de Vauvernier ! — J'ai comparé notre espèce à des spécimens authentiques de Jordan, et je n'ai constaté aucune différence.

— **lævigatum** DC., Pér. *Cat.* p. 224. — Montluçon, alluvions du cher et du ruisseau de Néris ! — Env. de Gannat, bords de la Sioule !.

— **erythrospermum** Andrz., Pér. *Cat.* p. 224. — Pelouses, bords des chemins des terrains calcaires. — Grandfond et les Chanets ! — Env. de Saint-Pourçain et de Gannat !. — AC.

Sonchus lacerus Willd., Pér. *Cat.* p. 111. — Env. de Chantelle : vignes d'Etroussat et de Fourilles !.

— **spinosus** Lamk., Pér. *Cat.* p. 111. — Calcaires du Nord-Ouest, Grandfond et les Chanets, Saint-Amand, etc.

Mulgedium Plumieri DC., Bor. *Fl. centr.* édit. 3, p. 422, Lam. *Prodr.* p. 469. — Chaîne du Forez (Lec. et Lam. *Cat.* p. 252), Laprugne au Montoncelle (*L. Allard* in Migout *Addit.* p. 59).

Barkhausia setosa DC., *Crepis setosa* Haller, Pér. *Cat.* p. 112. — Plante adventice, cà et là dans les champs et au bord des chemins. — Montluçon, décombres près l'usine Deslinières !. — Env. de Gannat, champs des Duriers !. — Moulins, sur les perrés ! (*Barat* in Migout *Fl.*), Avermes, Neuilly, Bressolles, Besson, Bessay (Migout *Addit.* p. 59). — Env. de Saint-Pourçain : Loriges, Chareil (*Berthoumieu* et *Bourgougnon*).

Crepis pulchra L., Bor. *Fl. centr.* édit. 3, p. 379. — Saint-Pierre-le-Moustier (*Boreau* édit. 1, p. 281). — Env. de Gannat, sur la route de Vichy (Lec. et Lam. *Cat.* p. 253). — Moulins, bords de l'Allier ! (Migout *Addit.* p. 59).

— **pinnatifida** Willd., Bor. *Fl. centr.* édit. 3, p. 278. — Env. de Gannat, bords de la Sioule, entre la Vernue et Jenzat !. — Montluçon !.

— **paludosa** Mœnch, Bor. *Fl. centr.* édit. 3, p. 379. — Région des montagnes du Sud-Est : Saint-Nicolas-des-Biefs (*Boreau* édit. 1, p. 283), dans le bois d'Assise ! (Pér. et Mig. *Excursion* p. 10).

Andryala integrifolia L., Pér. *Cat.* p. 116. — Montluçon ! Hérisson ! Coulanges ! Besson !, Lapalisse, Busset, Serbanne, Cusset, Vichy (Boreau *Fl. centr.* édit. 1, p. 281). — Sidiailles, Culan ! (Bor. *l. c.*). — Chambon ! (Bor. *l. c.*). — Env. de Gannat, rochers des bords de la Sioule, Rouzat, entre Vauvernier et Jenzat ! — Env. de Saint-Pourçain : Verneuil, Branssat, Loriges (Migout *Addit.* p. 59), Saint-Germain-des-Fossés, Monétay-sur-Allier (Migout *l. c.*). Env. de Chantelle : Bayet, Saint-Didier, Fourilles (*Berthoumieu* et *Bourgougnon*).

Hieracium Pelleterianum DC., Bor. *Fl. centr.* édit. 3, p. 421. — Rochers du Sichon près Molle (*Saul* in Bor. édit. 1, p. 320).

Une forme robuste de l'*H. Pilosella* croît sur les alluvions des bords de la Sioule, et peut être confondue facilement avec cette espèce, qui s'en distingue par son involucre couvert de longs poils blancs soyeux. Notre plante se fait remarquer par ses tiges plus grosses, ses stolons courts, ses feuilles à peu près semblables à celles de l'*H. Pelleterianum*, elliptiques-oblongues, blanches-tomenteuses en dessous, garnies de longs poils soyeux en dessus. Elle en diffère par ses calathides médiocres, à péricline blanchâtre-tomenteux, couvert de poils noirs nombreux et munis de quelques longs poils soyeux, rares !. Cette forme intermédiaire a été peut-être distinguée, ce que j'ignore, mais dans le cas contraire, elle pourrait très bien être nommée *H. pseudo-Pelleterianum.* Elle croît sur les bords de la Sioule aux environs de Jenzat et du Vernet près de Gannat. L'*H. Pelleterianum* paraît appartenir, d'après Lamotte *Prodr.* p. 477, à la région élevée des montagnes du Centre de la France. Je l'indique encore avec doute dans le Bourbonnais où il pourrait être remplacé par la forme décrite plus haut.

— **amplexicaule** L., Lam. *Prodr.* p. 481. — Rochers des bords de la Sioule près Châteauneuf (Puy-de-Dôme) sur nos limites (*Blain* in Bor. édit. 1, p. 282 et édit. 2, p. 323). Boreau ajoute « midi du Bourbonnais ? ». — Plante à rechercher dans notre région, où son habitat est encore douteux.

H. Pollichiæ C. H. Schultz, Lam. *Prodr.* p. 484. — Bois de Veauce et de La Lizolle (*Lamotte l. c.*).

— **reconditum** Jord., Bor. *Fl. centr.* édit. 3, p. 486. — Gannat, bords de la route à Neuvialle. — Chambon, graviers des bords de la Voueize (Lamotte *Prodr.* p. 486).

— **erubescens** Jord., Lam. *Prodr.* p. 486. — Bois de Veauce et de La Lizolle (*Lamotte l. c.*).

— **cheriense** Jord., Lam. Prodr. p. 486. — Gannat, sur les vieux murs (*Lamotte l. c.*).

J'ai indiqué dans mon *Catalogue raisonné* p. 112-116 et 224-225 un grand nombre d'espèces dont les déterminations ont été attentivement revues par Boreau qui les connaissait parfaitement d'après les types authentiques de Jordan. M. Lamotte a jugé à propos de n'en pas tenir compte dans son Prodrome. J'aurais pu user de réciprocité à son égard pour les *quatre* espèces précédentes qu'il a connues dans le Bourbonnais, mais je me contenterai d'apprécier le procédé à sa juste valeur. Néanmoins l'autorité de Boreau me semble devoir être prise en considération d'une façon un peu plus sérieuse que ne l'a fait M. Lamotte, qui du reste ne connaissait ses *Hieracium* que d'après les déterminations de M. Arvet-Touvet, ainsi qu'il l'énonce dans son Prodrome p. 475. J'ai recueilli un grand nombre de formes depuis la publication de mon Catalogue, et les documents authentiques, que renferme actuellement mon herbier, me permettront d'en faire une étude qui sera publiée dans la Flore.

Ambrosiacées.

Xanthium strumarium L., Bor. *Fl. centr.* édit. 3, p. 423. — Villeneuve, Châtel-de-Neuvre, Vichy ! (*Boreau* édit. 1, p. 285) ; Châtel-Perron, Bresnay, Boucé (Migout *Addit.* p. 60). — Sancoins (Boreau *l. c.*).

— **macrocarpum** DC., Bor. *Fl. centr.* édit. 3, p. 423. — Vichy, sables de l'Allier (Lecoq et Lam. *Cat.* p. 257). — Moulins, bords de l'Allier !. Saint-Germain-des-Fossés, Monétay-sur-Allier (Migout *Addit.* p. 60).

Ambrosia artemisiæfolia L., Lam. *Prodr.* p. 494. — Env. de Moulins, faubourg Chaveau, Seganges près Izeure ! (Migout *Addit.* p. 60). — Plante adventice, introduite avec les semences des prairies artificielles.

Lobéliacées.

Lobelia urens L., Pér. *Cat.* p. 116 et *Suppl.* p. 12. — Saulzais, le Châtelet, Reigny, Saint-Maur, Epineuil, Culan, Sidiailles ! (Bor. *Fl. centr.* édit. 1, p. 286). — Lurcy-Lévy ! (*Crouzier* in Migout *Fl.* p. 189). — Env. de Chazemais !.

Campanulacées.

Jasione perennis Lamk, Pér. *Suppl.* p. 12. — Montluçon, vallée du Lamaron entre Saint-Hélène et Ferrières !. — Gannat, à Neuvialle (*L. Besson*). — Région des montagnes du Sud-Est, Châtel-Montagne, Laprugne au Montoncelle (*Migout*).

— **major** Pér. *Cat.* p. 117 et *Suppl.* p. 12. — Racine simple à collet dépourvu de rejets stériles rampants et persistants. Tige 2-5 décim. velue, simple ou rameuse inférieurement, pauciflore. — Feuilles fermes, oblongues, subobtuses, velues (les radicales spatulées) assez longues, ondulées, le plus souvent entières ou munies parfois de quelques dents peu prononcées. — Pédoncules florifères allongés, glabres ou velus, terminés par un capitule de fleurs arrondi et gros. Involucre polyphylle formé de folioles disposées presque sur deux rangs. Folioles de l'involucre égalant les fleurs, oblongues aiguës, munies de chaque côté de 4-5 dents. Fleurs bleues pédicellées. — Pelouses des terrains granitiques. — Env. de Montluçon : Désertines ! Lavault-Sainte-Anne ! vallée du Lamaron ! rochers des bords du Cher ! ; Hérisson, bords de l'Aumance !. — AC.

Cette forme est intermédiaire entre les *Jasione montana* et *perennis*. Elle se rapproche de cette dernière par son capitule de fleurs assez gros et par son involucre formé de folioles fortement dentées, mais elle en diffère par sa racine dépourvue de rejets stériles feuillés, son mode de végétation étant celui du *J. montana*. Elle se distingue de celui-ci par ses tiges plus robustes, par les folioles dentées de son involucre, par ses capitules de fleurs plus gros, caractères qui lui donnent un faciès particulier.

— **monticola** Pér. in herb. — Plante basse, parfois diffuse. Racine simple, fusiforme, allongée, pourvue au collet de rejets stériles feuillés, et de tiges nombreuses, courtes, étalées-redressées. Feuilles velues, petites, lancéolées ou lancéolées-linéaires, subaiguës. — Pédoncules florifères glabres, grêles, allongés-étalés et terminés par un capitule de fleurs *deux fois plus petit* que celui des *Jasione perennis* et *montana*. Fleurs bleues, plus ou moins nombreuses, lâchement serrées, pédicellées, plus rarement sessiles. Folioles de l'involucre oblongues-élargies, subaiguës, velues, entières ou munies supérieurement de 1-2 dents peu prononcées. — Pelouses des terrains granitiques. — Bords de la Tarde entre Evaux et Chambon !.

Phyteuma orbiculare L., Bor. *Fl. centr.* édit. 3, p. 426. — Coteaux calcaires. — Chavannes, Saint-Loup, Saint-Germain-des-Bois ! (Bor. *Fl. centr.* édit. 3, p. 288). — Gannat (*Boreau l. c.*), au Montlibre ! AC. — Coteaux entre Ussel, Etroussat et Fourilles !.

Specularia hybrida Alph. DC., Bor. *Fl. centr.* édit. 3, p. 429. — Calcaires. Env. de Saint-Amand : le Châtelet (*Boreau* édit. 1, p. 289). — Gannat, au Montlibre et aux Chapelles ! (Lam. *Prodr.* p. 498). — R.

Wahlenbergia hederacea Rchb, Bor. *Fl. centr.* édit. 3, p. 426, Pér. *Cat.* p. 117 et *Suppl.* p. 12. — Quinssaines ! — Forêt de Tronçais, prairie de la Maillerie !. — Montaigut-en-Combraille, Villebret à Montmeiller ! — Sidiailles, Culan (*Saul* in Bor. *Fl. centr.* édit. 1, p. 291) ; Boussac, bords de la petite Creuse !, tourbières entre Lavaud-Franche et les Pierres Jomathres ! ; Frontenat, au signal de Laage ! AC. — Veauce, Nades, La Lizolle, Echassières ! (Boreau *l. c.*). — Le Donjon, Paray-le-Frésil (*Jaubert* in Bor. *l. c.*). — Région des montagnes du Sud-Est : Lapalisse, Arfeuilles, Châtel-Montagne, Saint-Clément, Saint-Nicolas-des-Biefs (*Saul* in Bor. *l. c.*), Laprugne, bois d'Assise ! (Pér. et Mig. *Excursion* p. 10).

Campanula cervicaria L., Bor. *Fl. centr.* édit. 3, p. 427. — Chavannes, bois de Fleuret (*Pineau* et *Rey* in Bor. *l. c.*).

— **aggregata** Nocca et Balb., Lam. *Prodr.* p. 499. — Env. de Gannat, coteaux et bois calcaires aux environs de Broût-Vernet et du Vernet !.

— **rapunculoides** L., Bor. *Fl. centr.* édit. 3, p. 427. — Env. de Gannat, à la Batisse (*Billiet* in litt. et in Migout *Addit.* p. 62).

— **Trachelium** L., Pér. *Cat.* p. 117 et *Suppl.* p. 12. — Env. de Gannat, bords de la Sioule, entre Rouzat et la Vernue ! entre Broût et le Vernet !, forêt de Saint-Didier !, etc.

— **rapunculus** L., Pér. *Suppl.* p. 12. — Forêt de Tronçais, autour des forges et de l'étang de Tronçais !. — Grandfond, bords du canal !. — Env. de Chantelle, dans le bois de Percières à Blanzat (Lam. *Prodr.* p. 504). — Evaux, Chambon, Gouzon, lieux sablonneux (*Pailloux* in Lec. et Lam. *Cat.* p. 261).

Forme rupestris. — *C. rupicola* Pér. in herb. — Racine épaisse, tige dressée, rameuse inférieurement. Feuilles inférieures, glabres, allongées, ondulées-subcrénelées, *épaisses* et *coriaces*, oblongues-aiguës et décurrentes sur le pétiole ; les supérieures subsessiles lancéolées-linéaires. Inflorescence en grappe terminale. Pédoncules dressés ou subétalés. Fleurs bleues, calice *hispide* à divisions *lancéolées-linéaires*, dressées ou étalées, dépassant la moitié de la corolle. — Rochers granitiques, sur les micaschistes des bords de la Sioule entre Rouzat et Neuvialle, près de Gannat !.

Vacciniées.

Vaccinium Myrtillus L., Pér. *Cat.* p. 119. — La Lizolle, Echassières, forêt des Colettes (Migout *Addit.* p. 63, Lam. *Prodr.* p. 505). — Région des montagnes du Sud-Est : Busset, Saint-Clément, Mayet-de-Montagne, Saint-Nicolas-des-Biefs (*Saul* in Bor. *Fl. centr.* édit. 1, p. 296), Ferrières, Laprugne, bois d'Assise !, le Montoncelle ! (Pér. et Mig. *Excurs.* p. 12 et 15).

Oxycoccos palustris Pers., Bor. *Fl. centr.* édit. 3, p. 430. — Laprugne, bois d'Assise, tourbière près de la Loge des gardes ! (Pér. et Mig. *Excursion* p. 10).

Ericacées.

Erica tetralix L., Pér. *Cat.* p. 118. — Env. de Braize, étang du Ris !. — Région du Nord-Est : Saint-Germain-en-Viry, Lamenay, Dornes, Toury-surjour ! (Bor. édit. 1, p. 294) AC. — Trevol, étangs de Chevray ! (Migout *Fl.* p. 194). — Lurcy-Lévy (*Chomont*). — Gennetines (*Lailloux*).

Var. *flore albo.* — Forêt de Tronçais, près de la Maillerie !.

— **scoparia** L. — Il a été indiqué par erreur à Montluçon par l'abbé Berthoumieu in Migout *Addit.* p. 63 ; cette espèce, ainsi que je l'avais signalé dans mon Catalogue, ne croît que dans les environs d'Audes et de Chazemais où elle devient rare par suite des défrichements.

Pyrolacées.

Pyrola minor L., Bor. *Fl. centr.* édit. 3, p. 293. — Région du Sud-Est : env. du Mayet-de-Montagne, bois entre la Madelaine et Saint-Nicolas-des-Biefs ! (*Saul* in Bor. édit. 1, p. 293).

Monotropacées.

Monotropa Hypopithys L., Lam. *Prodr.* p. 510. — Sermoise (Bor. *Fl. centr.* édit. 1, p. 292). — Env. de Moulins : forêt de Moladier !, Busset (*L. Allard*), La Lizolle (*Billiet* in Migout *Addit.* p. 28). — Forêt de Marcenat (*Berthoumieu* et *Bourgougnon*).

Lentibulariées.

Utricularia neglecta Lehm., Per. *Cat.* p. 119. — Etangs. — Env. de Montluçon !. — Moulins (Bor. *Fl. centr.* édit. 2, p. 338 et édit. 3, p. 436).

— **minor** L., Pér. *Cat.* p. 119 et *Suppl.* p. 13. — Env. de Braize, prairies tourbeuses au-dessous des étangs Roux !, fossés de Pouveux !.

Pinguicula vulgaris L., Bor. *Fl. centr.* édit. 3, p. 437 — Env. de Saint-Amand : Chavannes (Bor. édit. 2, p. 339).

— **lusitanica** L., Pér. *Cat.* p. 119 et *Suppl.* p. 13. — Reigny, Culan, Saulzais (*Saul* in Bor. *Fl. centr.* édit. 1, p. 372) ; Saint-Désiré ! (*L. Allard*). — Env. d'Urçay et de Braize : tourbières au-dessous de l'étang de la Commanderie !, fossés de Pouveux !.

Primulacées.

Hottonia palustris L., Bor. *Fl. centr.* édit. 3, p. 438, Pér. *Cat.* p. 119. — Marais des env. de Montluçon (*De Lambertye* in Lec. et Lam. *Cat.* p. 309), boires du Cher et du canal !. — Estivareilles ! — Env. de Moulins (Bor. *Fl. centr.* édit. 1, p. 340). — Env. de Saint-Amand : La Guerche, Sancoins, Mornay (Boreau *l. c.*). — Langeron, Toury, Saint-Parize-le-Châtel (Bor. *l. c.*). — Env. de Saint-Pourçain : boires de la Sioule au Vernet et à Bayet ! (*Berthoumieu*). — Lurcy-Lévy, Chevagnes, Lapalisse (Migout *Fl.* et *Addit.* p. 63), La Chaise (*Moriot*). — AC.

Primula officinalis Jacq., Pér. *Cat.* p. 119. — Bois, taillis, prés — C.

Var. *umbrosa*. Hampe de 3-4 décim. terminée par un sertule multiflore de 15-20 fleurs une fois plus grandes que celles du type. — Montluçon, lieux ombragés du bois de Chauvière !, Lignerolles, bois de la Garde !.

Var. *immaculata*. Corolle à étamines incluses et à gorge dépourvue de taches orangées. — Lurcy-Lévy, bois de Neurre (*Montalesco*). — Je cultive cette forme depuis trois ans, et le caractère de la corolle immaculée persiste.

— **variabilis** Goup., Bor. *Fl. centr.* édit. 3, p. 438. — *P. officinali-grandiflora* Gren. et Godr., *P. officinali-vulgaris* Loret, *P. vulgari-officinalis* Gren. — Forêt de Tronçais, aux environs de Le Brethon ! — Lurcy-Lévy, bois de Neurre ! (Mlle *A. Pérard*). — Dans la forêt de Tronçais, aux env. du château de Bellevue près de Le Brethon, on trouve, dans les taillis, des spécimens ayant des fleurs purpurines à gorge jaune, mêlés avec le type, ce qui indiquerait une hybridation de cette espèce avec les variétés cultivées du *P. grandiflora* qui se trouvent en bordure dans le parc du château.

Lysimachia nemorum L., Pér. *Cat.* p. 120. — Région granitique. — Env. de Montluçon !, Marcillat ! Bourbon-l'Archambault, Saint-Désiré, Culan, Sidiailles ! Chantenay (Bor. *Fl. centr.* édit. 1, p. 374). Néris ! Bizeneuille ! Cérilly, forêt de Tronçais !. — Chavenon (*Causse*)., Bresnay, Deux-Chaises, (Migout *Addit.* p. 64). — Veauce, La Lizolle, Echassières, (Bor. *l. c.*). — Région du Sud-Est : Busset, Arfeuilles, Ferrières, Saint-Léon, Mayet-de-Montagne, Saint-Clément, Saint-Nicolas-des-Biefs (Boreau *l. c.*), Laprugne, bois d'Assise ! (Pér. et Mig. *Excursion* p. 10).

Centunculus minimus L., Pér. *Cat.* p. 120. — Désertines, Rocles, Chavenon, étang du Clou ! (*Causse* in Bor. *Fl. centr.* édit. 1, p. 376). — Le Cluzeau d'Audes près de Magnette ! — Saint-Désiré ! (*L. Allard*). — Env. de Vicq : bois au-dessus de Sussat (Lamotte *Prodr.* p. 517). — Région du Nord-Est et de l'Est : Lapalisse, Azy-le-Vif, Chantenay, Livry (Boreau *l. c.*).

Androsace maxima L., Bor. *Fl. centr.* édit. 3, p. 440. — Env. de Vichy, Aigueperse (Lecoq et Lam. *Cat.* p. 309). — Coteaux de la Limagne.

Samolus Valerandi L., Pér. *Cat.* p. 225. — Env. de Saint-Amand : marais de Contres, Sancoins (Bor. *Fl. centr.* édit. 1, p. 378). — Env. de Gannat, marais à droite de la route de Vichy (Lec. et Lam. *Cat.* p. 310). — Env. de Chantelle, marais de Fourilles ! (*Bourgeougnon*), env. de Jenzat, marais de Vauvernier ! (*H. Du Buysson*).

Glaux maritima L., Bor. *Fl. centr.* édit. 3, p. 441. — Env. de Jenzat, prairie de la fontaine minérale de Vauvernier ! (*H. Du Buysson*).

Forme *limanensis*. — *G. limanensis* Pér. in herb. — Racine fibreuse. Tige florifère généralement simple, *dressée*, un peu rameuse inférieurement après la floraison. Feuilles rugueuses glabres et glauques, les inférieures opposées, les supérieures parfois alternes, à bord transparent, nerviées, à nervure médiane le plus souvent peu saillante, entières, sessiles, à point d'insertion rougeâtre, les caulinaires moyennes et supérieures oblongues-lancéolées, et lancéolées-linéaires dans la forme automnale, *à base atténuée-rétrécie*. Inflorescence pauciflore ; fleurs d'un blanc rosé, axillaires, sessiles, solitaires à l'aisselle des feuilles. Périanthe à divisions ovales-oblongues, obtuses. Capsule ovoïde-oblongue.

Cette forme est voisine du *G. maritima* L., dont elle diffère par ses tiges dressées, par ses feuilles plus lancéolées, à base moins élargie, par ses grappes de fleurs moins fournies et par sa capsule non globuleuse. Lorsque j'ai reçu de M. H. Du Buysson, au commencement de juin dernier, les spécimens florifères de la plante qu'il venait de rencontrer, je les ai comparés de suite à ceux de mon herbier, récoltés par moi-même dans les marais des dunes près d'Etaples (Pas-de-Calais) et dans les prés salés de la Gironde. Ceux-ci ont des tiges robustes, rameuses à rameaux étalés, décombants puis redressés, des feuilles oblongues ou ovales-lancéolées (Bor. édit. 3. p. 441), à base élargie, des fleurs nombreuses en grappe allongée, des fruits ovoïdes-globuleux, caractères qui, en dehors de l'habitat, donnent encore à la plante maritime un faciès différent de la nôtre. La forme de la Limagne tient-elle à son habitat dans le voisinage de sources d'eaux minérales, moins chargées de sel que celles de l'Océan, je suis disposé à le croire ; dans ce cas elle représenterait seulement une de ces nombreuses races locales dont on trouve aujourd'hui de si fréquents exemples dans tous les Genres.

Asclépiadées.

Vincetoxicum officinale Mœnch, Pér. *Cat.* p. 121. — Montluçon, bords du Cher ! C. — Bois d'Audes !. — Gannat, bords de la Sioule entre Neuvialle et Rouzat ! La Vernue ! entre Vauvernier et Jenzat ! ; bois de Saint-Didier et du Vernet ! — Env. de Saint-Amand, calcaires de Bouzais !. — Bellenaves, Branssat, Bresnay, Besson, Saint Germain-des-Fossés (Migout *Addit.* p. 65).

L'*Asclepias Cornuti* Decaisne indiqué à Saint-Pourçain (*Causse* in Bor. *Fl. centr.* édit. 1 et 2, p. 350) est une plante introduite et échappée çà et là des jardins où on la cultive comme plante d'ornement, c'est ainsi qu'on l'a observée également aux environs de Moulins.

Gentianées.

Cicendia pusilla Griseb., Pér. *Cat.* p. 122 et 234. — Culan ; Chavenon, étang de Sceauve (*Causse* et *Rodde*) ; bruyères de Château-sur-Allier (*Saul*); Livry, Toury-sur-Jour, (Boreau *Fl. centr.* édit. 1, p. 351). — Env. de Montluçon ! Quinssaines ! Audes ! Chamblet ! Cosne, étang des Landes !. — Bresnay, Chapeau, Montbeugny (*L. Allard* in Migout *Addit.* p. 66).

— **filiformis** Delarbre, Pér. *Cat.* p. 122.— Sancoins, Toury-sur-Jour (Boreau *Fl. centr.* édit. 1, p. 351). — Bruyères de Château-sur-Allier (*Saul*). — Chavenon (*Causse, Rodde*), La Lizolle (Boreau *l. c.*). — Bois de la Fauconnière, entre Ebreuil et Gannat (*Delarbre*). — Env. de Louroux-de-Bouble, étang du Rivallet, près de Coutansouzes (*Billiet* in Lam. *Prodr.* p. 525).

Chlora perfoliata L., Pér. *Cat.* p. 122 et *Suppl.* p. 13. — Montluçon (Bor. *Fl. centr.* édit. 1, p. 352), plateau de l'Abbaye !. — Calcaires infraliasiques du Nord-Ouest : coteaux de Grandfond et des Chanets ! Urçay ! Beaumont ! — Blet, Germigny-l'exempt, Sagonne (Boreau *l. c.*). — Région Nord-Est : St-Parize-le-Châtel, Saint-Pierre-le-Moustier (Bor. *l. c.*).

Gentiana lutea L., Bor. *Fl. centr.* édit. 3, p. 449. — Région des montagnes du Sud-Est : Laprugne, au Montoncelle ! (*Rondet* in Migout *Fl.* p. 202) C.

— **cruciata** L., Bor. *Fl. centr.* édit. 3, p. 449. — Env. de Saint-Amand : Germigny-l'exempt, Blet (*Callier*), Saint-Germain-des-Bois (*Saul* in Bor. édit. 1, p. 303).

— **pneumonanthe** L., Pér. *Cat.* p. 122. — Cérilly, forêt de Tronçais !. — Env. de Saint-Amand, marais de Contres (Bor. *Fl. centr.* édit. 1, p. 303). — Ferrières, Laprugne ! Saint-Nicolas-des-Biefs ! (*Bletterie* in Migout *Addit.* p. 66). — Saint-Parize-le-Châtel (Bor. *l. c.*).

— **campestris** L., Bor. *Fl. centr.* édit. 3, p. 450. — Région des montagnes du Sud-Est : Saint-Nicolas-des-Biefs, Laprugne ! (*Bletterie* in Migout *Addit.* p. 66).

Limnanthemum nymphoïdes Link, Bor. *Fl. centr.* édit. 3, p. 421. — Etang d'Orval près de Saint-Amand (Bor. édit. 2, p. 355). Chantenay, mares de l'Allier (*Simonnet* in Bor. *l. c.*).

Menianthes trifoliata L., Pér. *Cat.* p. 122. — Montluçon, Saint-Martinien, Chavenon, Saint-Sornin, étang de la Goutte ! ; Chevagnes (Bor. *Fl. centr.* édit. 3, p. 451), Quinssaines ! Commentry ! Estivareilles ! Marcillat ! ; Braize, étangs Roux et de la Commanderie ! — Env. de Saint-Amand : Sancoins, Dun-le-Roi, Ardennais près du Châtelet ! (Bor *l. c.*). — Moulins, Bressolles, Izeure au Pré-de-la-Cave, Trévol au pré des Nues, Lurcy-Lévy ! (Migout *Fl.* p. 202). — Echassières, La Lizolle. — Région du Sud-Est : Busset, Arronnes ! Ferrières, Mayet-de-Montagne, Laprugne ! (Migout *Addit.* p. 66).

Convolvulacées.

Cuscuta major C. B., DC, Bor. — Moulins, Bressolles, Izeure, Pierrefitte, Montaigut-le-Blin (*Migout Fl.* et *Addit.* p. 67). — Montbeugny, Bresnay (*L. Allard*). Env. de Saint-Pourçain et de Gannat ! Charroux !. — AC. — Parasite sur l'ortie et le houblon.

— **Trifolii** Babingt et Gibs., Pér. *Cat.* p. 123. — Ça et là dans les champs de trèfle. — Env. de Montluçon, Crevallat, Domérat !. — Saincaize (Bor. *Fl. centr.* édit. 3, p. 454).

Borraginées.

Borrago officinalis L., var. *flore albo.* — Lurcy-Lévy (*Montalesco*).

Symphytum officinale L., Pér. *Cat.* p. 123. — Env. de Gannat, Poëzat, prairie des Raynauds ! C. — Bayet, le Vernet, bords de la Sioule ! (*H. du Buysson*). — Moulins, Trevol, Monétay-sur-Allier, Montaigut-le-Blin, Villeneuve (Migout *Addit.* p. 67).

— **tuberosum** L., Bor. *Fl. centr.* édit. 3, p. 457, Migout *Addit.* p. 67. — Cette espèce est assez commune au bord de la Bouble, de Baubras à Chantelle ! Chirat, Monestier, Fourilles (*Berthoumieu*).

Anchusa italica Retz, Pér. *Cat.* p. 123 et *Suppl.* p. 13. Commun seulement dans les terrains calcaires. — Env. de Montluçon, Passat ! Piau, près d'Audes !, peu C. — Région du Nord-Ouest : Grandfond et les Chanets ! Urçay ! Beaumont ! Ainay-le-Château ! Saint-Amand, etc. — Gannat, les Chapelles et au Montlibre ! — Env. de Saint-Pourçain et de Chantelle, calcaires entre Ussel, Etroussat et Fourilles !. — Env. de Moulins, Bressolles, Coulandon, Souvigny ! — Bresnay, Besson ! (*L. Allard*), Monétay-sur-Allier ! (*Lailloux*) Montaigut-le-Blin, Saint-Germain-des-Fossés (Migout *Addit.* p. 67).

Lithospermum purpureo-cæruleum L., Bor. *Fl. centr.* édit. 3, p. 459. — Terrains calcaires — Env. de Saint-Amand, Orval ! Saint-Georges, la Groutte, Saint-Loup, Chavannes, Germigny-l'exempt ; Saint-Pierre-le-Moustier (Bor. édit. 1, p. 310). — Env. de Gannat à Neuvialle, bois de Bellenaves et de Veauce (Lecoq et Lam. *Cat.* p. 277). — Env. de Saint-

Pourçain, plateau de Breu (*Chomont*), bords de la Sioule, Bayet ! (*Berthoumieu*). — Bresnay ! (*Allard*) Besson, Moladier, Montaigut-le-Blin (Migout *Addit*. p. 68). — Env. de Vichy ! Saint-Germain-des-Fossés, l'Ardoisière (*Arloing*). — Aigueperse, bois de Randan (Lec. et Lam. *l. c.*).

Pulmonaria affinis Jord., Pér. *Cat.* p. 124. — Env. de Gannat, bords de la Sioule, entre la Vernue et Jenzat !. — Blomard, forêt de Château-Charles !.

— **tuberosa** Schrank, Pér. *Cat.* p. 124. — *P. angustifolia* L. pro parte. — Montluçon, bords du ruisseau des Maisons-Rouges ! — Env. d'Audes, dans le bois !. Bois du Délat près le Cluzeau ! — Lurcy-Lévy, bois de Saint-Augustin ! (Mlle *A. Pérard*). — Env. de Gannat, bois du Vernet ! (*H. Du Buysson*), env. de Chantelle, bois de Giverzat ! (*Berthoumieu*). Besson, forêt de Moladier ! (Migout *Addit.* p. 68). — Bois de Veauce ! (Lamotte *Prodr.* p. 537). — Vichy, au Vernet ! (*Moriot*).

— **saccharata** Mill., Pér. *Cat.* p. 124. — Env. de Gannat, bords de la Sioule, et dans le bois de Neuvialle à Rouzat !.

Le *P. vulgaris* Mérat in Lam. *Prodr.* p. 537 est un nom complexe qui ne peut être adopté, ainsi que je l'ai démontré dans mon Catalogue raisonné. M. Lamotte rejette le nom de *P. tuberosa* Schrank parce que, dit-il, cette plante n'est pas plus tubéreuse que ses congénères, je répondrai que, s'il fallait tenir compte de la signification des noms latins donnés en Botanique, il faudrait changer le plus grand nombre, ce qui n'aurait d'autre utilité que d'augmenter la synonymie. Le *P. tuberosa* Schrank étant un type bien défini, et adopté depuis longtemps dans la Flore du Centre, doit être conservé.

Myosotis lingulata Lehm., Pér. *Cat.* p. 125. — Montluçon, bords du Cher et du canal du Berry ! Les Varennes ! Chamblet ! Commentry ! Huriel, bords de la Maggieure ! — Laprugne, tourbières du bois d'Assise ! — Env. de Gannat, bords de la Sioule !. — Saint-Désiré ; les Buvats, la Roubière près Veauce ! (Lam. *Prodr.* p. 539).

— **Balbisiana** Jord., Pér. *Cat.* p. 126. — Env. de Montluçon, coteaux entre Néris et Bloux ! — Villefranche !.

— **stricta** Link, Pér. *Cat.* p. 126. — Montluçon, alluvions du Cher ! Désertines ! Quinssaines !. — Env. de Moulins : Izeure, Neuvy, Bressolles ! ; Gannat, Lapalisse (Migout *Addit.* p. 68). — Contigny (*Chomont*).

Echinospermum Lappula Lehm., Pér. *Cat.* p. 126 et *Suppl.* p. 13 — Terrains calcaires. — Saint-Pierre-le-Moustier ! Chantenay, Tresnay (Bor. *Fl. centr.* édit. 1, p. 315). — Saint-Amand ! Loye, Drevant, Blet (Bor. *l. c.*), env. d'Urçay, route de la Maillerie à l'Etelon !. — Montluçon ! Estivareilles, vignes de Thizon ! vignes de Courand et Domérat ! — Env. de Saint-Pourçain : Montord, Louchy, entre Etroussat et Fourilles !. — Moulins, Avermes, Izeure ! (Bor. *l. c.*). — Env. de Vichy, Saint-Germain-des-Fossés (Bor. *l. c.*). — Bresnay (*L. Allard*) Besson, Montaigut-le-Blin, Monétay-sur-Allier ; Vicq ! Echassières (Migout *Addit.* p. 68). — Villeneuve (Bor. *l. c.*).

Cynoglossum pictum Ait., Bor. *Fl. centr.* édit. 3, p. 464. — Saint-Pierre-le-Moustier, près le cimetière! (*Barat*), Saint-Parize-le-Châtel (*Boreau* édit. 1, p. 345). — Env. de Saint-Amand : Sancoins (Bor. *l. c.*). — Moulins ?, env. de Saint-Pourçain (*Causse* in Bor. *l. c.*).

Cette espèce rare a été indiquée par erreur aux Iles près Montluçon (*Thévenon* in Migout *Fl.* p. 210), j'ai reçu également sous ce nom des spécimens de *C. officinale* à fleurs bleuâtres provenant des environs de Gannat.

Solanées.

Solanum humile Bernh, Pér. *Cat.* p. 127. — Montluçon !, vignes de Domérat !.

— **ochroleucum** Bast., Bor, *Fl. centr.* édit. 3, p. 467. — Bords de la Loire, Beaulon ! (*Avisard*).

— **miniatum** Bernh. — Saint-Pierre-le-Moustier ; Moulins ! (Bor. *Fl. centr.* édit. 1, p. 347), Souvigny (Migout *Addit.* p. 69), Saint-Pourçain (*Berthoumieu*).

Boreau indique le *Solanum melanocerasum* Willd. dans le département de l'Allier (*Fl. centr.* édit. 3, p. 467), espèce à rechercher. On le reconnaîtra à ses rameaux relevés d'angles saillants chargés d'aspérités et à ses baies noires assez grosses.

Physalis Alkekengi L., Pér. *Cat.* p. 127, et *Suppl.* p. 13. — Env. de Montluçon : vignes de Domérat ! ; env. de Meaulne : coteaux calcaires de Grandfond et des Chanets !. — Env. de Saint-Pourçain, Branssat ! (*Moriot*), vignes de Bayet au bord de la Sioule !. — Env. de Gannat, Mazerier ; Nades, Monétay-sur-Allier, Saint-Germain-des-Fossés, Varennes, Montaigut-le-Blin (Migout *Fl.* et *Addit.* p. 69). — Besson, Bresnay (*L. Allard*).

Atropa Belladona L., Bor. *Fl. centr.* édit. 3, p. 468. — Saint-Amand, Sancoins à Grossouvre près le canal (*Saul* in Bor. édit. 1, p. 349). — La Queune près Moulins (Bor. *l. c.*) où il n'existe plus.

Datura Stramonium L., Pér. *Cat.* p. 127. — Subspontané çà et là dans les décombres autour des habitations. — Env. de Montluçon, de Moulins, de Gannat, de Saint-Pourçain, de Montmarault, de Lapalisse, etc.

Le *D. Tatula* L. est une plante échappée des cultures qui a été observée dans les environs de Moulins, de Gannat, de Bayet, de Saint-Germain-des-Fossés, etc.

Hyoscyamus niger L., Pér. *Cat.* p. 127. — Montluçon, Néris, Saint-Victor, Thizon, Reugny, Lignerolles, bords du Cher ! (Pér. *l. c.*). AC. — Env. de Moulins, Izeure, Neuvy, Avermes !, Trevol, Le Montet ! ; Chevagnes, Dompierre, Vichy, Monétay-sur-Allier, Bourbon-l'Archambault (Migout *Addit.* p. 69) ; Besson, Bresnay ! (*L. Allard*).

Montluçon. — Imp. Prot. Ch. MOULIN, successeur. 3706.

www.ingramcontent.com/pod-product-compliance
Lightning Source LLC
LaVergne TN
LVHW012014160826
845678LV00002B/834